統計で転ばぬ先の杖

島田めぐみ　野口裕之　著

ひつじ書房

はじめに

　修士論文や博士論文を見ると、授業で統計手法について学ぶ機会もあるようで、多くの学生が統計手法を用いています。また、研究雑誌に掲載された論文にも統計手法を用いたものが増えたように思います。しかし、基本的な誤り、特に報告のしかたに誤りが少なからず見られます。その原因としてまず考えられることは、統計手法を正しく理解せず、必要な方法をマニュアル的に本やネットで見たり、人に聞いたりして、安易に用いることにあるように思います。要するに、時間をかけず、必要な箇所だけ使い方を探して適用しようとするところが原因のひとつなのではないでしょうか。大学の学部や大学院の授業などで統計を基本から「積み上げ式」で学んだ経験がない場合、いざ統計分析したいとなると、とりあえず必要な方法だけわかればいいと思うのかもしれません。

　そして、もうひとつの理由は、統計の本には、ちょっとしたことだけど重要なことが当たり前すぎて書いていないということが考えられると思います。そういったことは、経験上学んでいったりするのかもしれませんが、必ずしも全員が経験上学べるわけではなく、結果的に誤りを犯してしまうのではないでしょうか。特に、「こんなことはやってはいけない」というようなことをわざわざ書く本もあまりないように思います。

　わたしたちは 2017 年に『日本語教育のためのはじめての統計分析』（ひつじ書房）を上梓しましたが、その編集過程で、編集者の方に上記のような現状についてお話ししました。それをその方が覚えていてくださり、統計で失敗しないように「転ばぬ先の杖」的なことを取り上げて、「ひつじ書房ウェブマガジン未草」に連載として書いたらどうかと提案してくださいました。そこで、2018 年 3 月から 8 月にかけて 6 回の連載「統計で転ばぬ先の杖」

を書かせていただきました。連載では統計手法を用いる時に気をつけるべきこと、今まで統計の本であまり取り上げられてこなかった「こんなことはやってはいけない」ということなどを取り上げました。今回は、それらの記事をまとめ、さらに例や項目を増やし、出版する運びとなりました。

日本語教育学をはじめとして人文・社会系の学問分野において、統計的分析法は研究に用いられる重要な分析法のひとつですが、正しく使用しないと意図した結果が得られず、誤った解釈を導いてしまうなど、有用な研究成果が得られません。特に、若い研究者や体系的に積み上げるように統計を学んでこなかった方が統計手法を用いる時やその結果を報告する時に本書が参考になれば幸いです。筆者が日本語教育を専門としていることから、本書では日本語教育の例を多く扱っていますが、他の分野であっても役に立つ内容であるはずです。

なお、九州大学の安永和央准教授は本書の原稿を読んで下さり、丁寧なコメントや誤りの指摘をして下さいました。深く感謝申し上げます。それにもかかわらず誤りがあった場合には全て著者の責任です。

最後に、ウェブマガジンの連載を提案してくださり、またいつも的確なご意見をくださった編集者の海老澤絵莉さんに感謝申し上げます。

目次

第1章
統計分析を行う前に

　まず、なぜ統計手法を用いるのか、推測統計と記述統計はどう違うのか、といった統計の基本を確認しましょう。

1　統計分析を行う目的

　大学院生の指導中よく起きることなのですが、統計分析の結果「有意差」という結果が出ないと非常にがっかりする院生をよく見かけます。がっかりするだけではなく、何とか「有意差」が出てほしいと、「この方法がダメなら別の方法はどうだろう」「グルーピングを変えたらどうだろう」などと相談されることがあります。もちろん、複数の方法を試すことは悪いことではありませんが、「有意差」を得ることが目的となっていると思ってしまうことがあります。これはおかしいですね。私たち研究を行う者の目的は「真実を知る」ことです。そのために統計手法を用いるのです。決して、「有意差」が得られた研究がいいというわけではないことを覚えておいてほしいです。「有意差がなかった」というのも結果です。そこに意味があることも十分考えられます。

　推測統計（次に説明します）は、得られたデータの結果を一般化して結論づけていいのか、ということを確認するために行います。それなのに、その方法を間違えてしまったり、都合よく解釈してしまったりしては、なんのために統計手法を用いたのかわかりません。「真実を知る」ために統計手法を用いるのだということを忘れず、慎重に行ってほしいと思います。

2　記述統計と推測統計の違い

　統計には、記述統計（統計的記述）と推測統計（統計的推測）の2種類があるのですが、「統計」というと「推測統計」を連想する人が多く、推測統計で分析する必要がないのに推測統計を用いる例が見られます。そこで、ここでは、記述統計と推測統計の違いを確認したいと思います。

　記述統計とは、収集したデータを要約し、わかりやすい値で表すことです。例えば、平均値や標準偏差で示します。一方、推測統計は、収集したデータをもとに母集団の特徴を推測する統計手法です。例えば、t 検定や χ^2 検定などです。以下では、推測統計の考え方を、りんごの重さを例にとって説明したいと思います。

図1-1　推測統計の考え方1

　緑色のりんごと赤いりんご、それぞれ1箱ずつあります。それぞれの箱には20個のりんごが入っています。「それぞれのりんご、つまり、緑色のりんごと赤いりんごは大きさに差がない」と聞いていました。ところが、緑色のりんごの箱と赤いりんごの箱から1個ずつりんごを取り出して比べたら赤いりんごのほうが大きかったとしたら、みなさんは、どう思いますか。

20 個のうちの 1 個を比べただけですから「偶然かな」と思うのではないでしょうか。つまり、「本当は差がないけれど、たまたま選んだ赤いりんごが大きかったのだろう」と考えると思います。次に、両方の箱から 5 個ずつ取ったら、すべて赤いほうが大きかったという状況ではどうでしょう。「大きさに差がない」という前提が間違っていたのではないかと考えるのではないでしょうか。

　統計分析に当てはめると（図 1-2）、「それぞれのりんご、つまり、緑色のりんごと赤いりんごは大きさに差がない」というのが検定仮説となります。そして、「赤いりんご 20 個」と「緑のりんご 20 個」が母集団で、取り出した 5 つずつがサンプル（標本）になります。推測統計では、このように、得られた一部のサンプルデータ（この場合、たまたま箱から取り出したりんご）をもとに計算を行い、母集団（この場合、箱に入っている緑色のりんご 20 個と赤いりんご 20 個）において「差がない」という「仮説」が正しいかどうかを推定するのです。このように、全データの情報が得られていない場合でも、統計手法を用いたら、サンプルデータから全データの様子について推測できるのです。

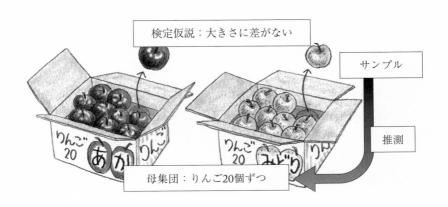

図 1-2　推測統計の考え方 2

　母集団から一部のデータしか得られていなかったら、推測統計の手法を用いるというわけですが、もし、箱に入っているすべてのりんご、すなわち赤いりんご 20 個と緑のりんご 20 個の大きさを測定することができたら、どうでしょう。母集団のデータすべてを得たことになるので、推定の必要はありません。得られたサンプルのデータがすなわち、母集団の特徴になります。ですから、推測統計は必要なく、この場合は、平均値と標準偏差の記述統計で報告すればいいのです。

　自分が対象とする母集団は何か、ということをまず考えてみてください。母集団の全データが分析対象となっている場合は、推測統計の手法を用いずに、記述統計の方法で分析します。記述統計の方法というのは、この場合は、平均値、標準偏差、相関係数などを示すということになります。たとえば、A という教科書と B という教科書で一人称の使われ方に違いがあるか調べるという場合、A という教科書と B という教科書の全ての文を対象としているのでしたら、推測統計の手法を用いず、記述統計の方法を用います。推測統計の方法が記述統計の方法より優れているとかレベルが高いなどということはありません。統計的な分析で何を見たいのか目的に応じて用いる方法が決まるのです。

3　研究計画は分析の方法まで

　何らかのデータを収集するとき、どこで、誰（何）を対象に、どのようにデータを収集するかということは当然ながら事前に検討しますが、分析の方法も計画段階から決定しておく必要があります。学生から、「データを収集しましたが、どのように分析したらいいですか」「このデータでどんな検定ができますか」という質問を受けることがありますが、これは本末転倒と言えます。「検定するなら、このようにデータを収集しておくべきだった」と後悔することは多々ありますから、事前にどんな分析をするのか検討しておかなくてはいけません。早くデータを収集しないといけないと焦る気持ちは

わかりますが、データを収集する前に分析方法まで検討しておかないと、結局はデータが無駄になったり、二度手間になったりする可能性があります。もちろん、計画通りに分析した後、計画段階では考えていなかった手法を用いて分析をすることもありますが、この場合は、事前に全く計画していなかったという状況とは違います。

4　統計手法の使用傾向

　最近、日本語教育分野においても統計手法を用いた研究が多いように思います。そこで、統計手法の使用傾向を調べてみました。日本語教育学会の学会誌『日本語教育』に 2006 年から 2008 年の間に掲載された全投稿論文（50 論文）と 2016 年から 2018 年の間に投稿・掲載された全投稿論文（51 論文）を取り上げ、統計手法が用いられている論文数を確認しました。平均値と標準偏差のみの記述統計の報告は除外しています。2006 年から 2008 年の間の論文では 16 本、すなわち 32.0％、2016 年から 20018 年の論文では 21 本、すなわち 41.2％が統計手法を用いています。2016 年から 2018 に掲載された論文の 4 割強に統計手法が用いられていて、10 年の間に 10％近く増えたことになります。『日本語教育』には、質的分析の研究もかなり含まれていますので、全体の 4 割強というのはかなり増えたと言えます。このように、統計手法が用いられた論文が増えてきていますので、それを理解する統計リテラシーも必要になってきたと言えます。

まとめ

　この章では、統計手法がなぜ必要なのか、統計分析の基本的な考え方などを記述しました。まとめると次の 3 点となります。
1. サンプル（標本）データを用いて母集団の特徴について推測する場合は推測統計の手法を用います。

2. 記述統計と推測統計の違いを理解し、適切な手法を用いる必要があります。
3. 研究計画を立てる際に、統計分析の方法も決めて（考えて）おかなくてはいけません。

練習問題

次の調査の結果を報告する際に用いる統計手法は、「記述統計」と「推測統計」のうちいずれが適切ですか。

(1)『日本語教育』に掲載された論文について、「2006 年から 2008 年」と「2016 年から 2018 年」の間で、統計手法を用いる論文数に差があるか検討するために、「2006 年から 2008 年」の間に掲載された全 50 論文と「2016 年から 2018 年」の間に掲載された全 51 論文を対象に調べました。

(2) 中国語母語話者とタイ語母語話者の日本語学習者では、指示詞の使い方に差があるか検討するために、中国語母語話者 50 人、タイ語母語話者 50 人に対して調査を行いました。

(3) 勤めている教育機関の A クラスと B クラスで、指示詞の使い方に差があるか検討します。A クラス全受講者 15 人、B クラス全受講者 13 人が対象です。

第 2 章
そのグラフ、大丈夫ですか

　多くの学生がグラフを使うと効果的だと思っているようで、「大量生産」されているように思います。また、世に出ている論文を見ても、疑問に思うことがあります。グラフの「大量生産」については、言語テストの専門家 J. D. Brown も著書 *Using Surveys in Language Programs* の中で、若手研究者はグラフをレポートの中で多用しすぎており、それらは効果的とは言い難いと、グラフの使いすぎを警告しています（Brown 2001: 118）。

1　図には必要な情報を盛り込む

　まず、基本中の基本ですが、図は、本文を読まずとも、それだけで何が示されているか理解できる情報が盛り込まれている必要があります。ところが、何を示しているのかわからない、という場合が少なくありません。グラフを見て、縦軸に単位が書かれていないので何を表しているのかわからない、字が小さすぎて読めない、カラーで作成したグラフを白黒コピーしたためどの棒が何を表しているか識別できない、などと思ったことは少なからず経験があるのではないでしょうか。グラフは Excel などで簡単に描けるので、そのままコピー・ペーストしてしまうことが大きな問題かもしれません。一手間入れて、情報を追加するなどの作業をしてほしいです。

　例えば、次の図 2-1 は、授業受講者 25 名に行ったアンケート調査の結果です。質問に対する回答は 5 段階でなされているということは本文でわかったとしても、グラフが表す数値（質問 1 の 4.2、質問 2 の 4.8、質問 3 の 3.8）は何を指すのでしょう。勘がいい人はすぐわかると思いますが、平均値を表しています。しかし、どこにも平均値とは書かれていません。必要な情報は

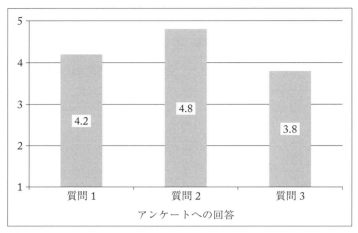

図2-1　グラフの例1

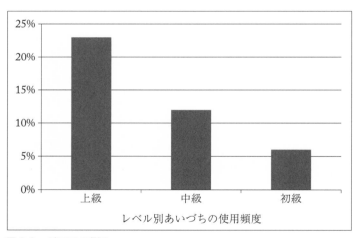

図2-2　グラフの例2

図の中やタイトルに盛り込むべきです。

　図2-2のタイトルは「レベル別あいづちの使用頻度」です。ということは、単位は何回使用したかという回数になるはずですが、図を見ると％となっています。図のタイトルは「レベル別あいづちの使用割合」や「レベル

別あいづちの使用率」などとするべきでしょう。このように、図のタイトル
は「頻度」、グラフの単位は「％」となっているグラフも少なくありません。

2　人気の高い棒グラフですが

　日本語教育関連の雑誌に掲載されている論文をざっと見たところ、もっと
も多いのが各種棒グラフです。棒グラフはどのようなものを表すのに適して
いるでしょうか。総務省統計局のウェブページに「なるほど統計学園」なる
ものがあり、グラフの種類が解説されています。このページによると、「棒
グラフは縦軸にデータ量をとり、棒の高さでデータの大小を表したグラフ」
とあります。言語学や言語教育の場合ですと、ある言語形式の出現頻度、学
習者数などが考えられるでしょう。

　図 2-3 は、「タイにおける中等学校日本語教員養成講座の概要と追跡調査
報告：タイ後期中等教育における日本語クラスの現状」（野畑・ガムチャン
タコーン 2006）から引用したもので、「日本語を開講している中等教育機関
数の変化」というタイトルの図です。このグラフは積み上げ棒グラフという
もので、複数のデータを積み上げてその数を示すものです。このグラフは、
学校数を明示する図であり、典型的な例と言えます。このように、棒グラフ
はなんらかの数（人数、学校数、使用回数など）を示します。

　表 2-1 は、以前島田が書いた論文から引用したものです（島田・侯 2009：
37）。この論文ではグラフは描いていません。必要な情報は全てこの表の中
に表されているため、これで十分と考えるからです。しかし、このような表
があるにもかかわらず、図 2-4 のような棒グラフも合わせて示している論文
等が多いです。特に修士論文には多発しているようです。この論文では、聴
解テストのフォーム 1 とフォーム 2 の得点には大きな差がないことを示し
ているのですが、表だけではわかりにくいでしょうか。もしかしたら図の方
がわかりやすいという人もいるかもしれませんが、図 2-4 では、標準偏差、
つまり、どの程度得点が散らばっているかという情報はわからず、中途半端

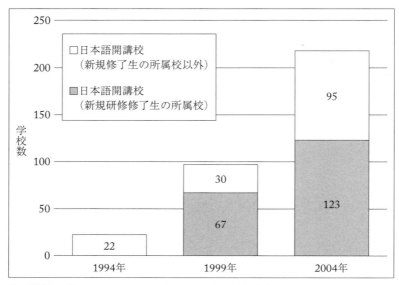

注：野畑・ガムチャンタコーン（2006: 178）の図を改変、
引用元タイトル「日本語を開講している中等教育機関数の変化」

図 2-3　棒グラフの例 1

な情報が提示された感じがします。特に、*t* 検定や分散分析などで平均値の
差の検定を行っている場合は、散らばりの情報が必要ですので、このような
図では不完全と言えるでしょう。

　教育心理やテスト理論の分野では、平均値を棒グラフで表すことはあまり
多くなく、まずは表で示すのが基本だと考えられているようです。しかし、
学会発表などで視覚的に見せたほうがわかりやすい場合や、論文中でも図の

表 2-1　記述統計量の表の例

	項目数	受験者数	平均値	標準偏差	信頼性係数（*a* 係数）
フォーム 1	30	63	19.1	7.6	0.927
フォーム 2	30	63	17.9	7.5	0.917

注：島田・侯（2009: 37）の表を改変、
引用元タイトル「基本統計量」

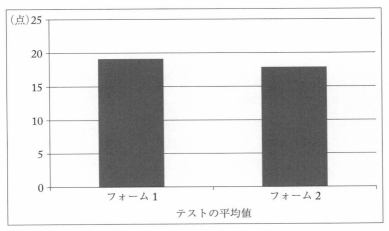

図 2-4　棒グラフの例 2

方がわかりやすい場合もあるでしょう。そのような場合は、図 2-5 のように
示すこともできます。図 2-5 は、島田・三枝・野口 (2006)「日本語 Can-do-
statements を利用した言語行動記述の試み：日本語能力試験受験者を対象と
して」の中の図です。ある Can-do 記述文（「新聞の社説を読んでわかります

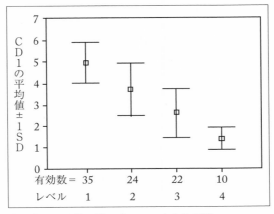

注：島田・三枝・野口 (2006: 82) より引用、
　　引用元タイトル「項目 1 のレベル別平均値・標準偏差」
図 2-5　平均値と標準偏差を示すグラフの例

か」という言語活動）について、レベルごとの平均値と標準偏差を示しています。グラフ内の小さい□は平均値、□の上下に伸びている縦線は±1標準偏差を示しています。また、本文がないのでわかりにくいですが、図の縦軸の「CD1」とは「Can-do 記述文 1 番」という意味です。

　また、棒グラフに散らばりを示すためにエラーバーを加えるという方法もあります。筆者が専門とする日本語教育の論文でエラーバーを示したグラフを目にすることは多くありませんが、「在日台湾人子どもの読解力の測定：中国語母語話者と日本語母語話者の読解力を比較分析する」（李 2006）という論文の中に見つけました。図 2-6 を見ると、棒の上に飛び出たアルファベットの T のようなものがあります。これをエラーバーと言い、データの散らばりを示すもので、データの標準偏差や平均値の標本変動の大きさを表わす標準誤差などに用いられます。この図の場合は、明記されていませんでしたが、標準偏差に用いられていると考えられます。この図を見ると、「接続」は、「在日群」（在日台湾人）の結果は散らばりが大きいですが、「統制群」（日本語母語話者）の結果は散らばりがない（つまり、全員同じ得点（2点）だった）ということがわかります。

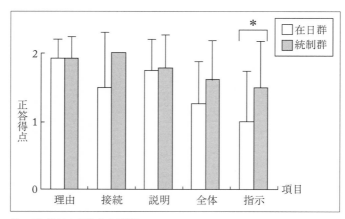

注：李（2006: 29）より引用、
　　引用元タイトル「日本語読解力の平均得点」

図 2-6　エラーバーつき棒グラフの例 1

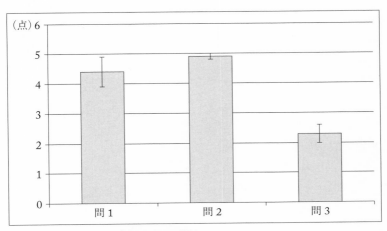

図 2-7　エラーバーつき棒グラフの例 2

　図 2-6 は、エラーバーが T 字状でしたが、図 2-7 のようにカタカナのエ
状の場合もあります。平均値（棒の一番上）から上下にエ状の棒が出ていま
すが、これは ± 1 標準偏差を表しています。エラーバーの上下の長さは同
じなので、図 2-6 のように、下部（マイナス部分）を省略して T 字状にする
ことが多いようです。

　以上見てきたように、平均値を示す方法として、単純な棒グラフは推奨で
きる方法とは言えませんが、日本語教育分野の論文では意外に多く見られま
す。問題は、大学院生など若手研究者がそういった例を模倣してしまうこと
です。グラフひとつとっても、きちんと調べることが大切です。

　統計分析に χ² 検定という検定がありますが、χ² 検定では表 2-2 のような
クロス表を用います。表 2-2 は、森山（2009: 37）『国語からはじめる外国語
活動』の表を一部改編したものです。面白い内容なので、簡単に紹介したい
と思います。小学生に次の文章を読んでもらい、B さんがどこにいるか答え
てもらうというものです。

　　A くんは B さんをさがしています。運動場の近くで、D さんに「B さ

ん、どこか知っている？」とたずねると、Dさんはこういいました。
「Bさんは運動場であそんでいるじゃない」

　慌てて読むと間違えてしまいそうですが、正答は「運動場にいる」です。
小学3年生と6年生の結果を示したものが表2-2です。学年の違いが結果に
影響を与えているかを調べるためにχ²検定を実施しています。χ²検定で
は、観測度数と期待度数の2種類の数値が必要です。3年生で正答したのは
21人なので、この21が観測度数となります。期待度数は、表2-2では（　）
で示されていますが、全体の傾向（151人中73人が正答）から考えると、3
年生で正答すると期待されるのは30.5人である、というように計算し、こ
の30.5が期待度数となります。詳しくは第8章で述べますので、そちらを
参照して下さい。χ²検定の結果は表2-2のようなクロス表を示すのが通常
です。しかし、日本語教育分野の論文には、棒グラフで表しているものがあ
ります。
　図2-8は、あるアンケートを日本語非母語話者と日本語母語話者に実施
し、χ²検定で分析した結果を表しています（架空のデータです）。各項目の
結果を非母語話者と母語話者にわけて図に表しています。確かに、どちらの
グループも1番を選んだ人が多いことや4番は両グループの間に差がある
ことなどが一目でわかります。しかし、この図では、どのようなχ²検定を

表2-2　クロス表の例1

学年	正答	誤答	合計
3年	21 (30.5)	42 (32.5)	63
6年	52 (42.5)	36 (45.5)	88
合計	73	78	151

（　）内は期待度数

注：森山（2009: 37）の表2を改変

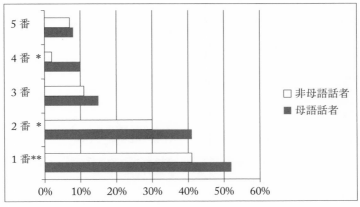

$$^{**}p < .01 \quad ^*p < .05$$

図 2-8　χ² 検定の結果をグラフ化した例

表 2-3　クロス表の例 2

1 番	当てはまる	当てはまらない	合計
非母語話者	123 （136.2）	177 （163.8）	300
母語話者	104 （90.8）	96 （109.2）	200
合計	227	273	500

行ったのかが全くわかりません。おそらく、表 2-3 のクロス表のように、各質問項目について 2 × 2 の χ² 検定を行ったのだろうと推測できます。各項目を選んだ人数は示されず、図 2-8 のように割合しか示されていませんので、観測度数と期待度数を知るには、回答者の人数から計算しなくてはいけません。図で示す方がわかりやすい、という意図があるのだと思いますが、かえってどのような分析をしたのかがわからず、逆効果と言えます。χ² 検定の結果を示すのでしたら、クロス表を示し、報告するべきです。

3 何を見せたいのかを考えてグラフの種類を選ぶ

　ある大学院生が日本語と英語のドラマの中で、「ほめ」がどのように現れるかを分析して[1]、図2-9のようなグラフを作成しました。図の「上→下」は目上から目下、「下→上」は目下から目上、「対等」は対等の関係の人物への「ほめ」を表しています。図2-9の一番左の棒（日本語ドラマの「上→下」）に37％とありますが、この図では何に対しての37％かがわかりにくいです。そこで、図2-10のような積み上げ棒グラフを作成しました。これですと、37％が日本語のほめ全体を100とした場合の割合だということがわかります。日本語のドラマと英語のドラマの「ほめ」のあらわれ方の全体的傾向を比較したいのであれば、図2-10の方がいいでしょう。その学生が実際に用いたのは図2-10の方です。

　もし、「対等」の関係を取り上げて、「英語のドラマの方で多く現れている」ということを言いたいのであれば、図2-9でいいかもしれません。図で何を言いたいのか、何を見せたいのか、何を主張したいのかを考えて、もっとも効果的な図を選ぶ必要があります。

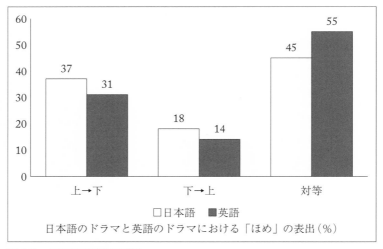

日本語のドラマと英語のドラマにおける「ほめ」の表出（％）

図2-9　グラフの種類の例1

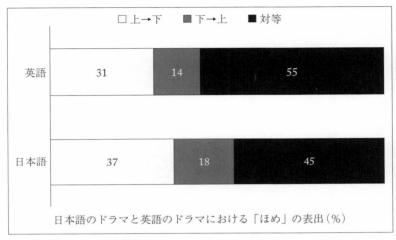

図 2-10　グラフの種類の例 2

4　棒グラフとヒストグラムは異なる

　次の図 2-11 は宮本・倉元（2017）の「国立大学における個別学力試験の解答形式の分類」という論文中の「記述式問題の出題数の分布（前期日程）」というタイトルの図で、大学における記述式問題の出題数の分布を表したものです。160 問以上 240 問未満の出題数の大学が 21 校ともっとも多いのがわかります。このようなグラフをヒストグラムと言います。棒グラフとの違いは何でしょう。棒グラフは、棒と棒の間にスペースがありますが、ヒストグラムでは隣同士の棒がお互いに接しています。ヒストグラムは、各階級に含まれるデータ数を棒で表しているという点で棒グラフと同じです。しかし、階級が連続しているという点において棒グラフとは違うのです。階級が連続しているから、棒と棒の間にスペースを入れません。言語教育分野では、テスト得点などで使用することが多いグラフです。逆に、階級が連続していない場合（連続性のないカテゴリ）は、スペースを入れて棒グラフにしなくてはいけません。ところが、連続性のないカテゴリーなのにヒストグラムが使用されている例も見ますので、気をつけましょう。

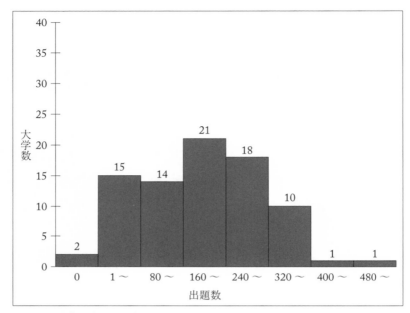

注：宮本・倉元（2017: 75）から引用、
　　引用元タイトル「記述式問題の出題数の分布（前期日程）」

図 2-11　ヒストグラムの例 1

5　図で表すことが効果的な場合もある

　不要な棒グラフが多く使用されていることはすでに指摘したとおりですが、データの分布を見るためには、ヒストグラムで表すことは非常に有益です。表 2-4 は、あるテスト得点の分布を表す度数分布表です。これをヒストグラムで表したものが図 2-12 です。いかがでしょうか。断然、図のほうが分布の様子がわかりやすいのではないでしょうか。このような図こそが効果的と言えるグラフだと思います。

　無駄なグラフが多いのは事実なのですが、逆に図に示してほしいと思うのが散布図です。散布図とは、相関関係を図に表したものですが、散布図を示さず相関係数と無相関検定の結果のみを示すものが多いです。

表 2-4　度数分布表の例

階級	度数
0 以上 -10 未満	2
10 以上 -20 未満	5
20 以上 -30 未満	12
30 以上 -40 未満	20
40 以上 -50 未満	35
50 以上 -60 未満	50
60 以上 -70 未満	45
70 以上 -80 未満	35
80 以上 -90 未満	20
90 以上 -100 以下	6

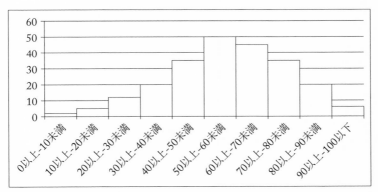

図 2-12　ヒストグラムの例 2

　たとえば、クラスで読解テストと文法テストを行い、その関連性を見よう
として、相関係数を計算したところ、0.790 でした。比較的高い値だとは思
いますが、思っていたよりも低いとか、他の結果と比べると低い値だと思っ
たりするかもしれません。そこで散布図（図 2-13）を確認すると、他の学生
と異なる傾向を示す学生が 1 人いるのがわかります。この学生は読解テス
トは 40 点（平均点以上）なのに、文法テストは 10 点（最低点）です。このよ
うに、散布図を描くことにより、相関係数が（予想していた数値よりも）低
い理由がわかる場合があります。ちなみに、この学生を除いて相関係数を再

度計算すると 0.926 になりますが、この学生を計算から除外するかどうか
は、計算の目的やこの学生が特異な結果を示す理由などによるので、慎重に
考える必要があります。

　また、次に考える例は、読書量（1ヶ月に読んだ本の冊数）と読解テスト
の結果の関連を示す仮のデータです。相関係数は、0.630 で、この数値だけ

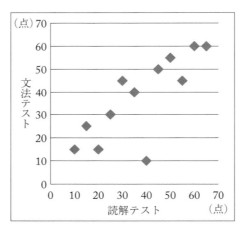

図 2-13　散布図例 1

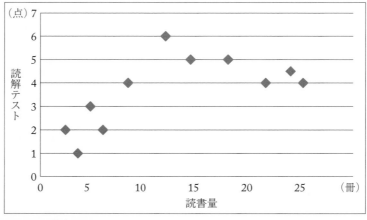

図 2-14　散布図例 2

では中程度の相関関係だと言えます。そこで、散布図（図 2-14）を描いてみると、ある程度までは読書量が多いほど読解テストの得点は上がりますが、ある程度に達すると横ばいだということがわかります。このような傾向は、相関係数という数値にまとめてしまうとわかりません。

　散布図を論文中に示すかどうかは、その内容によりますが、データ分析の過程ではぜひ散布図を描いて確認しておきたいものです。

6　APA の図のチェックリスト

　アメリカ心理学会（APA）による『APA 論文作成マニュアル』には「図のチェックリスト」（p.179）が記載されていますが、最後に、その中からグラフに関わる項目を引用します。この章でも、最初に「グラフの大量生産」現象を嘆きましたが、下記の第 1 項目にも「その図は必要か」と書かれており、アメリカの心理学分野においても、「不要」と思われる図が見られることが推察できます。そのほかも、いずれも参考になる点ですので、チェックリストとして活用していただければと思います。

　図のチェックリスト
　　　□その図は必要か。
　　　□その図は、単純で、明確で、不必要な細部はないか。
　　　□その図のタイトルは、図の内容を説明しているか。
　　　□その図のすべての要素に、明確なラベルがつけられているか。
　　　□格子の大きさ、目盛や方向には、明確にラベルがつけられているか。
　　　□同等に重要な概念を表す図どうしは、同じスケールによって作図されているか。
　　　□すべての図には、アラビア数字で連番が振られているか。
　　　□すべての図は、本文で言及されているか。
　　　（アメリカ心理学会（2011）『APA 論文作成マニュアル第 2 版』p.179）

まとめ

　本章はグラフについて日々感じることをまとめてみました。今回のポイントをまとめると、次の4点になります。

1. 読み手がグラフだけを見て、グラフが何を表しているのか理解できるよう、必要な情報はすべて盛り込みます。
2. 表のほうが情報を適切に表せる場合はグラフ化する必要はありません（たとえば χ^2 検定の結果）。
3. 同じデータで作成できるグラフは多種あります。何を見せたいのかを考えて、グラフの種類を選ぶ必要があります。
4. グラフ化することにより得られる情報が多い場合は、グラフ化します（たとえば、ヒストグラムや散布図）。

注
1　ワトソン有が日本大学大学院総合社会情報研究科 2018 年度修士論文「日本語と英語のほめの表現に関する比較研究」執筆過程で行った分析です。

引用文献

Brown, J. D. (2001) *Using Surveys in Language Programs*. Cambridge University Press.

アメリカ心理学会 (2011)『APA 論文作成マニュアル第 2 版』(前田樹海・江藤裕之・田中建彦 (訳))，医学書院

島田めぐみ・侯仁鋒 (2009)「中国語母語話者を対象とした日本語聴解テストにおける選択肢提示形式の影響」『世界の日本語教育』19，33–48，国際交流基金

島田めぐみ・三枝令子・野口裕之 (2006)「日本語 Can-do-statements を利用した言語行動記述の試み：日本語能力試験受験者を対象として」『世界の日本語教育』16，75–88，国際交流基金

野畑理佳・ウィパー ガムチャンタコーン (2006)「タイにおける中等学校日本語教員養成講座の概要と追跡調査報告：タイ後期中等教育における日本語クラスの現状」『世界の日本語教育』16，169–187，国際交流基金

宮本友弘・倉元直樹 (2017)「国立大学における個別学力試験の解答形式の分類」『日本テスト学会誌』13 (1)，70–84

森山卓郎 (2009)『国語からはじめる外国語活動』慶應義塾大学出版会

李美靜 (2006)「在日台湾人子どもの読解力の測定：中国語母語話者と日本語母語話者
　　の読解力を比較分析する」『世界の日本語教育』16，19–33，国際交流基金
総務省統計局 URL「なるほど統計学園」
　　http://www.stat.go.jp/naruhodo/c1graph.htm#section01（2018 年 2 月 2 日閲覧）

練習問題

(1) 次の項目のうち、グラフに示す必要がないのはどれですか。

　　ア 平均値　　イ 標準偏差　　ウ データ数　　エ 調査日

(2) アからウのペアのうち、数値だけではなくグラフにしたほうが情報が多く得られるものはどれですか。

　　ア 数値：平均値　　　グラフ：棒グラフ

　　イ 数値：相関係数　　グラフ：散布図

　　ウ 数値：度数分布表の度数　　グラフ：ヒストグラム

(3) 次の調査結果を報告するときにふさわしい図はどれですか。

　①日本語の上級学習者と中級学習者を対象に、日本語学習動機に関する調査を実施しました。複数の選択肢から複数回答可で回答してもらい、その結果を報告します。

　　　ア 棒グラフ（積み上げではない）　　イ 100％積み上げ棒グラフ

　　　ウ 折れ線グラフ　　エ 散布図

　②日本語の上級学習者と中級学習者を対象に、日本語学習動機に関する調査を実施しました。複数の選択肢からもっともあてはまる動機を1つ選択してもらい、その結果を報告します。

　　　ア 棒グラフ（積み上げではない）　　イ 100％積み上げ棒グラフ

　　　ウ 折れ線グラフ　　エ 散布図

第3章
その表、大丈夫ですか

　統計分析の結果報告に「表」は欠かせません。表の書き方について学んだ経験のある方はあまり多くないかもしれません。しかし、表の作成についても、いくつかルールがありますので、取り上げたいと思います。

1　罫線の引き方も大切です

　みなさんは、罫線をどこに引くか迷ったことはありませんか。日本語教育関連の論文では表3–1のように、罫線を引けるだけ引いた表が多いように思います。

表3–1　表の書き方例1

グループ	N	平均	SD
テスト1	34	20.35	5.22
テスト2	43	21.26	5.67
テスト3	38	20.71	5.63
テスト4	39	18.56	4.57

注：楊（2013: 15）の表を改変、
　　引用元タイトル「平行テストの平均および標準偏差」

　表3–1は、楊（2013）に掲載されていた表をもとに作ったものです。楊（2013）では、表3–2の形式で記載されていました。表3–1と表3–2の違いは、罫線のみです。どちらが見やすいでしょうか。私たちは、表3–2の方が見慣れているせいか、見やすく感じます。統計分析の結果を報告する場合は、表3–2のように、縦の罫線は引かず、横の罫線も必要最低限にしか引

きません。表 3–2 では、横の罫線は見出しの部分にしか引かれていません。表 3–1 と表 3–2 を比較すると、表 3–2 の方が見出しの行が見出しであるということがはっきりしていると感じないでしょうか。表 3–1 では、めりはりがないので、見出しの行が強調されていません。アメリカ心理学会（2011）『APA 論文作成マニュアル第 2 版』では、「表の明快さのために、むやみに罫線を使用せず、必要な横線だけに絞ること。適切に配置された空白スペースは、効果的な罫線の代わりになる。」(p.152) と罫線を引きすぎないように警告しています。アメリカ心理学会のように表の作り方にルールを示している学会もありますので、学術誌に投稿する場合は、その学術誌の投稿規程を参照してください。ちなみに、表 3–2 の見出しは、「*N*」（データ数）、「*SD*」（標準偏差）が使われているので、「平均」は「*M*」の方がよかったように思います。

表 3–2　表の書き方例 2

グループ	*N*	平均	*SD*
テスト 1	34	20.35	5.22
テスト 2	43	21.26	5.67
テスト 3	38	20.71	5.63
テスト 4	39	18.56	4.57

注：楊（2013: 15）の表を引用、
　　引用元タイトル「平行テストの平均および標準偏差」

2　表を見ただけで内容が理解できるように

　表を見て、数値や見出しや強調のマークなどが何を表しているのかよく理解できないことがあります。本文を読めばわかるのかもしれませんが、表は、表だけ見てその内容が理解できるように、必要な情報を記載する必要があります。表 3–3 を見てください。すべてを理解できるでしょうか。例えば、グレーの塗りつぶしの意味は何でしょう。本文に説明があったとしても、表の下に注として説明を入れるべきです。塗りつぶしのほか、数値を太

字にしたり、斜体にしたりした場合も、それが何を示すのか表注に説明が必要です。それから、「JNS」と「CNS」の意味も推測はできますが、説明があるといいでしょう。表3–4のように注書きするとわかりやすくなります。表だけ見てすべてを理解できるか、という視点を持って確認しましょう。

表3-3 表の書き方例3

「断り」の意味公式の使用回数

	直接断り	間接断り	関係維持	内容	回答回避	合計
JNS	15	27	11	7	8	68
CNS	17	21	17	10	5	70

表3-4 表の書き方例4

「断り」の意味公式の使用回数

	直接断り	間接断り	関係維持	内容	回答回避	合計
JNS	15	27	11	7	8	68
CNS	17	21	17	10	5	70

注：グレーの塗りつぶしは、残差分析の結果、有意差が認められたことを表す。
　　JNSは「日本語母語話者」、CNSは「中国語母語話者」を指す。

　次の表3–5は、劉（2017）の表を引用したものです。算出方法が注に書かれていて、この表だけで、数値の意味が理解できると思います。

表3-5 表の書き方例5

	下位群（20名）	中位群（20名）	上位群（20名）
延べ語数	47,724	58,748	62,884
異なり語数	2,615	3,308	3,363

注：ここでの延べ語数と異なり語数は、形態素解析後のデータを用いて筆者が算出したものである。具体的には、語彙素列を選び、ピボットテーブルで集計し、空白を除外した後のデータを数えた。

注：劉（2017: 67）の表を引用、
　　引用元タイトル「日本語学習者各グループの作文データの語数」

本文を読まなくても表だけで内容が理解できるように表を作る必要があります
ますが、だからと言って、本文で表について言及しなくていいというわけで
はありません。本文では表の要点や結果について言及する必要があります。
しかし、表の情報をすべて本文で書いてしまうのであれば、表はいらないと
いうことになります。表3–3の説明として本文に次にあげる文章を書いて
いたらどうでしょう。

　表3–3を説明する文章（悪い例です）
　　JNSとCNSがどのように断りを行なっているか、意味公式を用いて
　分析した結果、JNSは、「直接断り」が15件、「間接断り」が27件、
　「関係維持」が11件、「内容」が7件、「回答回避」が8件であった。
　CNSは、「直接断り」が17件、「間接断り」が21件、「関係維持」が
　17件、「内容」が10件、「回答回避」が5件であった。

　この文章では、表の情報すべてを記載していますので、表を作成した意味
がなくなってしまいます。本文では要点のみ言及するようにします。
　表3–6と表3–7は調査協力者の内訳を表したものです。表3–6では、示
されている割合（％）が何に対してかよくわかりません。学部留学生の男性
は52.9％とありますが、男性全体のうちの学部留学生が占める割合なのか、
学部留学生全体のうちの男性が占める割合なのか、よくわかりません。表
3–7のように、どこを100.0％と考えているのかが示されているとわかりや
すくなります。この例はセルが少ないので、少し考えればどのように計算し
たかすぐわかりますが、セルが多い場合は混乱のもとになりかねません。
　表3–8中のMとSDが何かわかるでしょうか。Mはmeanの略で平均値、
SDはstandard deviationの略で標準偏差を表しています。このような統計記
号は、通常、説明せず使います。
　表3–9の一番右の列にアスタリスク（*）が書かれています。これは統計分
析（この場合はt検定）の結果、5％水準で有意であることを示しています。

表 3-6　表の書き方例 6

調査協力者数

	男性	女性	合計
学部留学生	27（52.9%）	24（47.1%）	51
大学院留学生	29（45.3%）	35（54.7%）	64

表 3-7　表の書き方例 7

調査協力者数

	男性	女性	合計
学部留学生	27（52.9%）	24（47.1%）	51（100.0%）
大学院留学生	29（45.3%）	35（54.7%）	64（100.0%）

表 3-8　表の書き方例 8

テストの結果

	M	SD
読解	45.6	7.2
聴解	41.1	7.1

表 3-9　表の書き方例 9

自己評価の平均値

	授業開始時得点		授業終了時得点		
	平均値	標準偏差	平均値	標準偏差	
読む	65.32	12.22	69.12	12.70	*
聞く	58.02	15.63	59.11	13.28	
書く	60.12	9.02	59.02	11.02	
話す	62.30	18.02	65.86	16.93	*

$^{*}p < .05$

このような場合は、表 3-9 のように、表の下に「$^{*}p < .05$」と記します。その他、「**」や「†」を使う場合がありますが、詳細は第 5 章で述べますので、そちらを参照してください。

3 統計ソフトの出力のまま表としない

　SPSS などの統計ソフトを使用すると、簡単に検定の結果が出力できます。大学院の授業レポートや修士論文でよく見るのが、統計ソフトで出力された表をそのまま使用する例です。出力された表には、論文で報告する必要のない値も含まれています。

　例えば次の図 3–1 は統計ソフト SPSS で t 検定を行ったときに出力されたサンプルです。図 3–1 のように、統計量（SPSS では「グループ統計量」）と検定結果（SPSS では「独立サンプルの検定」）が表示されます。t 検定の結果は、「独立サンプルの検定」に記載されています。「独立サンプルの検定」を見ると、t 検定の結果は 2 段にわけて、2 種類表示されています。等分散が仮定された場合は上段、仮定されない場合は下段の結果を使用するというように、どちらかを参照します。一方は不要な情報となります。

　通常、t 検定を実施した結果を論文などに載せる場合には、平均値、標準偏差のほか、自由度、t 値、有意確率を報告しますので、それ以外の、「グループ統計量」に記載されている平均値の標準誤差、「独立サンプルの検定」に記載されている平均値の差、差の標準誤差、差の95％信頼区画は、特別な場合は別にして通常は必要ありません。不要な情報を削除して、表を

グループ統計量

母語		度数	平均値	標準偏差	平均値の標準誤差
テスト得点	英語	16	78.7500	10.59245	2.64811
	中国語	20	79.8000	11.61487	2.59716

独立サンプルの検定

		等分散性のための Levene の検定		2 つの母平均の差の検定						
		F	有意確率	t	df	有意確率（両側）	平均値の差	差の標準誤差	差の 95％ 信頼区間 下限	上限
テスト得点	等分散が仮定されている	.630	.433	-.280	34	.781	-1.05000	3.74832	-8.66751	6.56751
	等分散が仮定されていない			-.283	33.364	.779	-1.05000	3.70915	-8.59318	6.49318

図 3-1　SPSS 出力例

表 3–10　表の書き方例 10

	人数	平均値	標準偏差
英語母語話者	16	78.8	10.6
中国語母語話者	20	79.8	11.6

表 3–11　表の書き方例 11（検定結果を含める）

	人数	平均値	標準偏差	自由度	t 値	有意確率
ENS	16	78.8	10.6	34	-0.280	$p = .781$
CNS	20	79.8	11.6			

注：ENS は英語母語話者、CNS は中国語母語話者を表す

作り直す必要があります。たとえば、この場合は表 3–10 のようになります。表 3–11 のように t 検定の結果を表に入れ込むこともあるかもしれませんが、文章中に「$t(34) = -0.280, p = .781$」のように書き込むことのほうが多いです。また、小数点以下の桁数を見ると、例えば平均値が図 3–1 では「78.7500」と小数点以下 4 桁であるのに対して、表 3–10 では「78.8」と 1 桁になっています。SPSS は小数点以下の桁数が図 3–1 のように大変多く表示されますが、報告する時はそこまでの桁数にする必要はありません。1 点刻みのテスト得点の平均値で、たとえば「72.24」と「72.25」の違いには意味がないことは言うまでもないでしょう。表 3–10 と表 3–11 では 1 桁で表示しましたが、より詳しい精度が必要な場合には 2 桁で表すこともあります。必要な桁数に整理した方が数値も見やすくなります。桁数をどのぐらいにするかは、その桁数がどの程度意味をなすかを考えて判断します。面倒でも、必要不可欠な情報は残し、不要な情報は削除して、わかりやすい表作成を心がけましょう。

4　数値の書き方にも気をつけよう

　表 3–10 の数値はセンタリングで、また桁の位置もそろっていて見やすい

と思いますが、表 3–12 はどうでしょう。「平均値」の値の桁の位置がずれています。つまり、小数点「.」の位置が「78.8」と「79.82」でそろっていません。これは、英語母語話者の平均値は小数点以下第二位が「0」のため、「0」を記載していないことが原因です。「0」も省略せず記載し、小数点以下の桁数は揃えましょう。

表 3–12　表の書き方例 12

	人数	平均値	標準偏差
英語母語話者	16	78.8	10.61
中国語母語話者	20	79.82	11.62

　表 3–11 の数値はセンタリングされていますが、センタリングすると桁の位置がずれる場合もあります。そのような場合は、表 3–5 のように、一番小さい桁の位置を揃えます。つまり下位群の列の場合「47,724」と「2,615」は、それぞれの一桁めの「4」と「5」の位置を揃えています。このようにするとわかりやすいです。

表 3–5 再掲　表の書き方例 5

	下位群 (20 名)	中位群 (20 名)	上位群 (20 名)
延べ語数	47,724	58,748	62,884
異なり語数	2,615	3,308	3,363

注：ここでの延べ語数と異なり語数は、形態素解析後のデータを用いて筆者が算出したものである。具体的には、語彙素列を選び、ピポットテーブルで集計し、空白を除外した後のデータを数えた。

注：劉 (2017: 67) の表を引用、
　　引用元タイトル「日本語学習者各グループの作文データの語数」

　ここまでにあげた表では、数値のフォントが英文フォントになっています。通常、統計結果の数字は半角、英文フォントで記します。英文フォントの種類は学会誌で指定されていることが多いですが、Times New Roman や Century を使用します。表 3–13 は、同じ数字を、Times New Roman、MS

表 3-13　フォントの違い

	Times New Roman	MS 明朝	MS ゴシック
英語母語話者（人数）	16	16	**16**
中国語母語話者（人数）	20	20	**20**

明朝、MS ゴシックの 3 種類のフォントを使って示しました。このような
フォントの違いを気にしない人もいますが、このように比較するとかなり違
うのがわかると思います。本文でもそうですが、統計結果の数字は、アル
ファベット表記同様、英文フォントにしてください。

5　APA の表のチェックリスト

　『APA 論文作成マニュアル第 2 版』には「図のチェックリスト」同様、
「表のチェックリスト」(p.161) が記載されています。その中から必要な項目
を引用します。チェックリストとして活用していただければと思います。

表のチェックリスト
- □　その表は必要か。
- □　原稿中の比較可能な表は、すべて一貫性をもって提示されているか。
- □　タイトルは簡潔かつ内容を説明しているか。
- □　すべての列に列見出しがあるか。
- □　すべての省略形、特別な使い方のイタリック体、カッコ、ダッシュ、太
　　字、特別な記号に説明を加えているか。
- □　垂直罫線は、すべて除かれているか。
- □　版権の付随する表の全部または一部を転載する場合、表注に版権所有者
　　の情報を出典として正確かつ完全に記載しているか。
- □　その表について本文中で触れているか。
　　　　（アメリカ心理学会 (2011)『APA 論文作成マニュアル第 2 版』p.161)

まとめ

　この章では、統計分析の結果を報告するための表について注意点を取り上げました。ポイントをまとめると、次の3点になります。

1. 表だけ見て理解できるように必要な情報を、表注などを利用して記載します。
2. 罫線は必要最小限にとどめます（縦罫線は原則不要）。
3. 分析結果の数値は英文フォントで、桁を合わせて見やすく記載します。

引用文献

アメリカ心理学会 (2011)『APA論文作成マニュアル第2版』(前田樹海・江藤裕之・田中建彦 (訳))，医学書院

楊元 (2013)「言語テスト「SPOT」と暗示的知識の測定―音声の有無と解答時間による分析―」『言語教育評価研究』3，12–21

劉瑞利 (2017)「日本語学習者の「名詞＋動詞」コロケーションの使用と日本語能力との関係―「YNU書き言葉コーパス」の分析を通して―」『日本語教育』166，62–76

練習問題

(1) 次の項目のうち、表に示す必要がないのはどれですか。

　　　　　ア　グレーの塗りつぶしの意味　　イ　数字の太字の意味
　　　　　ウ　アスタリスクの意味　　　　　エ　*M* の意味

(2) 表の罫線について、次の中でどの説明が正しいですか。

　　　　　ア　縦罫線も横罫線も引けるだけ引いた方がいい
　　　　　イ　縦罫線だけでいい
　　　　　ウ　横罫線だけでいい
　　　　　エ　縦罫線も横罫線も必要ない

第4章
有意差の意味を理解して、正しい記述を！

　修士論文、雑誌に掲載された論文を読むと、結果の記述のしかたに疑問を感じることが時折あります。この章では、そのような中でも、統計に関する基本的な理解が不足していることに起因すると思われる例を取り上げたいと思います。

1　有意差が出ない結果も結果です

　大学院生を対象にした統計分析の授業で、「有意差が出なくても、想定していたのと違う結果でも、それが結果ですから、それを受け入れましょう。」と口をすっぱくして言います。そのときは、学生もうんうんとうなずきます。ところが、実際に自分たちでデータを収集して分析をする演習の段になると、この言葉はすっかり忘れられてしまうようで、分析した結果、有意差が得られなかった学生は肩を落としてがっかりします。また、修士論文を執筆している学生からは、「t検定をしましたが、有意差が出ません（涙）」「有意差が出なかったので、失敗です」、ひどいときには「t検定では有意差が出ないので、χ^2検定をしてみたいです」などと言われることがあります。そして、納得のいく結果（有意差が出る結果）を求めて、いろいろな方法を試そうとします。その度に、「差がない、ということも結果ですよ」「差があると思ったのに差が出なかったんでしょう？　それは発見ですね」などと言います。「有意差が出ないと研究が失敗だ」「何としても有意差を得たい」という考えは、極端に走ると、都合の悪いデータを削除して有意差を導き出すという「改ざん」につながる可能性を秘めています。差があると考えて研究を進めていて、差が出なかったとしても、それは立派な結果ですから、受け

入れなければなりません。

　しかし、どうしても検定結果が受け入れられないのか、発表された論文の中に、次のような記述を見ることがあります。

　　　t 検定の結果、日本語母語話者とモンゴル語母語話者の平均値の間に、
　　　有意差は認められなかったが、両者の差は 2.5 ポイントと大きな差が
　　　あった。

「検定の結果、有意差は認められなかったんだけど、（標本平均の）差は大きい」と言っているわけですから、矛盾したことを言っていることになります。t 検定の結果有意差が認められなかったということは、「2 つの母集団の間で、なんらかのデータに関し、平均値に差はない」という仮説を棄却できなかったわけですから、たとえ差があるように思える数値であっても、統計的には「差がある」とは言えないのです。この場合、データを得た 2 つの標本集団の平均値には 2.5 ポイントの差がありますが、t 検定の結果からは 2 つの母集団の平均値に差があるとは言えないのです。統計的仮説検定を用いると決めたのなら、どのような結果でもそれを受け入れるべきです。もちろん、データのサイズやある種の偏りなどが結果に影響を与えるので、もしかしたら、統計的仮説検定を実施すること自体が適切ではないという場合もあるでしょう。「どうしても統計的仮説検定で分析しなければいけない」「有意差が認められないとだめだ」と思っている大学院生が多いようですが、まずは、自分のデータをどのように分析するか、仮説検定が必要か、ということをよく考え、統計分析を行うのであればその結果を受け入れる覚悟がほしいです。

2　「有意傾向」に注意

　統計分析の結果を表す表の下に次のように書かれているのを見たことがあ

る人は多いでしょう。

$$\dagger\ p < .10 \quad {}^{*}\ p < .05 \quad {}^{**}\ p < .01$$

　表中に*が付されているものは「p 値（有意確率）が 0.05（5%）以下である」
ということ、**は「有意確率が 0.01（1%）以下である」ということを意味し
ています。つまり、どちらも「有意である」ということになります。では、
†（ダガー）はどういうことでしょう。これは、「0.10（10%）以下である」と
いうことを示していて、この場合の結果を「有意傾向」と言う研究者がいま
す。この「有意傾向」について少し考えてみます。
　まず、有意水準、すなわち有意確率がどの程度であれば有意とみなすか
は、分野によって、また研究者によって異なります。理論的には「研究者が
設定する」ということにはなっていますが、勝手に個々の研究者が設定して
は、相互の結果を比較したりできませんから、やはり分野での一般的なルー
ルに従うのが望ましいでしょう。言語教育の分野では、有意水準は、通常
5% を採用します。どういうことか t 検定の場合で説明します。まず、なん
らかの数値（テストやアンケートの点など）について「2 つの母集団の平均
値の間には差がない」と仮定します。これを検定仮説（帰無仮説）と言いま
す。その 2 つの母集団からランダムにサンプルデータを得て t 値を計算した
ところ、その結果の有意確率が 0.05（5%）以下だったとします。0.05（5%）
以下ということは、100 回サンプルを取って計算しても 5 回以下しか出現し
ないような「滅多に起きない値」が得られたということです。このような稀
にしか得られない値だったら、「そもそもの検定仮説が間違っていて、2 つ
の母集団の平均値には差があったんだ」と判断し、検定仮説を棄却します。
もし、「両者には差があるに違いない」（検定仮説が棄却できる）と思ってい
て、t 検定を行った結果、有意確率が 0.055（5.5%）だったらどう思います
か。5% を超えていますから検定仮説を採用し「両者の平均値の間には差が
ない」という結果になります。差があることを期待していたら、「たった

0.005 超えているだけなのに惜しいなあ」と思うかもしれません。先述のとおり、このような、有意確率が 0.05（5％）を超え 0.10（10％）以下の時に「有意傾向」と報告する研究があります。これ自体は間違いではありませんが、あくまでも有意水準（5％）より大きいわけで、「有意差がある」とは言えないのです。しかし、まるで有意差があるように書かれている記述を見ることがあります。たとえば、次のような表を示し、以下のような記述がなされていることがあります。

表 4-1　*t* 検定の結果の例 1

項目	事前平均値（標準偏差）	事後平均値（標準偏差）	p
1	2.811（0.300）	2.650（0.321）	0.072 †
2	2.322（0.833）	3.050（0.745）	0.012 *
3	2.623（0.755）	2.832（0.711）	0.092 †

† $p < .10$　* $p < .05$

記述例：*t* 検定の結果、3 項目すべてにおいて統計上有意な差が観察された。

　この例は、事前アンケートの結果と事後アンケートの結果を比較したものです。表 4-1 を見ると、有意確率（表では p で示しています）が 0.05（5％）未満、つまり、事前と事後の平均値の間に有意差が認められるのは項目 2 のみであり、それを示すアスタリスク（*）が付されています。しかし、記述例を見ると、項目 1 も項目 3 も「有意な差が観察された」と述べています。これはどういうことかと言うと、項目 1 と項目 3 の結果（有意確率）は、0.10（10％）以下なので「有意傾向」ということになるのですが、それを「有意差あり」と記述しているのです。繰り返しますが、「有意傾向」は「有意差がある」のではありません。「有意差がある」と言えるのは、有意確率が有意水準よりも小さい場合です。しかし、このように、あたかも差があったかのように報告する論文があります。このような記述をするということは有意

水準に 0.10（10％）を採用したことになってしまいます。

　「有意傾向」と報告することは間違いではありませんが、有意水準を決め
て計算する以上、検定仮説を棄却するか採択するか二者択一とするのが論理
的に正しいです。大学院生や統計の初心者は、もしかしたら「有意傾向」を
報告している先行研究を見て、「有意傾向も報告しなければいけない」と
思っているのかもしれません。しかし、決してそうではないことを理解して
ほしいと思います。

3　「有意確率」の意味をもう一度考えよう

　皆さんは、次のような記述を読んでどう思われるでしょう。

　　　韓国語母語話者と中国語母語話者の読解のテスト結果は、t 検定の結
　　　果、5％水準で有意差が認められたが、文法のテスト結果は、1％水準
　　　で有意差が認められた。このことから、文法テストの方が平均値の差が
　　　大きいと言える。

　繰り返しになりますが、この 5％、1％というのは、有意水準、つまり、
「差がない」という検定仮説（帰無仮説）のもとで、実際に観測された結果が
「稀にしか出現しないと判断する」と当該研究者が決めた確率です。有意確
率が小さいと、滅多に起きない状況と判断され、検定仮説が間違っていたと
判断されます。このように、有意水準は、検定仮説を棄却するのか採択する
のかを決定するための基準であり、平均値の差の大きさを示したものではな
いのです。ところが、この確率が小さければ小さいほど「いい」「差が大き
い」と考える人がいるようです。この例のように、確率の大きさを比較する
のは誤りです。

　また、以前、有意確率を小数点以下 7 位まで記載した論文を見たことが

あります。どうなるかというと、「0.0000013」ということです。統計分析で大事なのは「検定仮説を採択するか棄却するか」なので、有意確率をここまで細かく報告する必要はまったくありません。0.001 と 0.0001 を区別する必要はないのです。「$p < .01$」(1%水準)で十分ということです。

　今は統計ソフトで計算すると、一瞬で、t 値も p 値も正確に算出されます。しかし、コンピュータが今ほど普及していない頃は、自分で t 値を計算し、t 分布表を見て、その値と自由度の組み合わせで有意確率（p 値）を得ました。表 4–2 は、海保（1985）の t 分布表をもとに作表したものです。たとえば、t 検定の結果、自由度が 26 で、t 値が 2.200、と計算されたとします。有意確率を確認するために、t 分布表（表 4–2）を見ます。一番左の列が自由度を表していますので、「26」の行を見ます。「26」の右に書いてある数字が 5 つの有意水準 a に対応する t 値です。計算された t 値が 2.200 ですか

表 4-2　t 分布表

自由度	両側仮説のときの有意水準 a				
df	.200	.100	.050	.020	.010
1	3.078	6.314	12.706	31.821	63.657
2	1.886	2.920	4.303	6.965	9.925
3	1.638	2.353	3.182	4.541	5.841
4	1.533	2.132	2.776	3.747	4.604
⋮	⋮	⋮	⋮	⋮	⋮
26	1.315	1.706	2.056	2.479	2.779
27	1.314	1.703	2.052	2.473	2.771
28	1.313	1.701	2.048	2.467	2.763
29	1.311	1.699	2.045	2.462	2.756
∞	1.282	1.645	1.960	2.326	2.576

注：海保（1985）を参考に作表

ら、「2.056」と「2.479」の間に入ることがわかります。「2.056」と「2.479」それぞれの列の上部を見ると、「.050」と「.020」と書いてあります。これがそれぞれの t 値に対応する有意確率（有意水準）で、「.050」と「.020」の間ですから、有意確率は「$p < .05$」だということがわかります。表4–2 には有意確率（有意水準）は、.200、.100、.050、.020、.010　の5つしかありません。つまり、.010 より小さいかどうかは問題になるけれど、それより小さい場合、その大きさは考慮しない、ということを示しています。ですから、自由度が26で、t 値が2.779 より大きい場合、どんなに大きくてもすべて、「$p < .01$」で表すことになります。

　以前は、p 値を細かく報告できなかったわけですが、今は簡単に計算できるので、そのとおりに正確に記載しようと、先の例では「0」をたくさん書いたのだと思います。しかし、有意確率の意味を正しく理解すれば、このようなことは起きないと思います。

4　確率の表記は .05？　それとも 0.05？

　ところで、読者の中には「なぜ有意確率や有意水準のような確率を「0.05」ではなく「.05」と書くのか」、あるいは「どちらの記述もあるけれど違いはないのか」などと思われる方もいることでしょう。このことも統計の本などにはあまり書いてありません。有意水準を表す場合は、「0.05」でも「.05」でもいいのですが、後者を使うことが多いです。なぜ「0」を省略できるかというと、確率ですから、必ず0から1の間の数値になり、小数点以下に0以外の数値が生じた場合、一の位は「0」に決まっているからです。確率に「1.05」や「5.05」という値になる可能性はないということです。ですから、このように一の位が0だとわかっている場合は、0を省略できるのです。そのほか、相関を表すときも同様です。相関係数は、−1から＋1の間の値のため、小数点以下に0以外の数値があったら、一の位は「0」以外にありえません。

　次の表 4–3 は、初級学習者と中級学習者の、自己評価の平均値と標準偏差、*t* 値を表しています。どこがおかしいでしょうか。

表 4-3　*t* 検定の結果の例 2

初級学習者平均値（標準偏差）	中級学習者平均値（標準偏差）	*t* 値
5.24（.98）	5.22（1.21）	.04

　初級学習者の標準偏差を見てください。「.98」となっていますので、おそらく「0.98」なのだと思いますが、標準偏差の場合は一の位が 0 とは限りませんので（「1.98」や「4.98」などの可能性もあります）、0 を省略することはできず、「0.98」と書くべきです。もう 1 箇所、*t* 値を見てください。「.04」と書かれていますので、おそらく「0.04」なのだと思います。*t* 値も一の位が 0 とは限りませんので、省略できません。

　確率や相関の「0」を省略できる理由を理解していれば、標準偏差や *t* 値や *F* 値を表すときに一の位を省略できないことは明白です。ところが、上の表のように省略している報告を時々見ます。おそらく、省略の理由を理解せず、出現確率や相関係数で一の位の「0」が省略されているのを見て、自動的にほかの「0」も省略してしまったのではないでしょうか。あるいは、先行研究を見て、同じように書いてしまったのかもしれません。

まとめ

　第 4 章では、統計の基本がよく理解できていないために起こる誤りを見てきました。まとめてみると、次のようになります。

1. 統計処理（統計的検定）を行ったのであれば、有意水準をもとに有意差があったかなかったかを報告しましょう。検定仮説（帰無仮説）を棄却できなかったのに「差は大きい」と報告したり、有意傾向であるのに「差があった」と報告するのは誤りです。

2. 有意確率の違いは、差の大きさの違いではないので、「$p < .01$ は $p < .05$ よりも差が大きい」とは言えませんし、小数点以下 2 位あるいは 3 位までの報告で十分です。

3. 「.01」のように一の位を省略できるのは、確率や相関係数など、最大の値が絶対値で 1 の場合のみです。

引用文献

海保博之（1985）『心理・教育データの解析法 10 講 基礎編』福村出版

練習問題

次の文のうち、正しいものには○、正しくないものには×を書いてください。

(1)（　　　）有意確率は正確に報告した方がいいので、小数点以下の位は多ければ多い方がいい。

(2)（　　　）有意確率が5％を超え10％未満の「有意傾向」の結果を「有意差がある」と言ってもいい。

(3)（　　　）t値が「0.42」だった場合、「.42」と書くことができる。

(4)（　　　）相関係数が「0.42」だった場合、「.42」と書くことができる。

(5)（　　　）推測統計の分析を行ったのであれば、単純に数値（観測された平均値）を比較して「差は大きい」などと言うことはできない。

第5章
統計記号や参照マークも正確に！

　統計分析の結果を報告する際、統計記号や参照マークに関する知識は不可欠です。しかし、正しく記載されていない例を度々目にします。本章では、統計記号、参照マーク、数式や数字の書き方などについて見ていきます。

1　統計の記号、イタリック体で書いていますか

　この本の読者のみなさんは、論文を読み t 検定と呼ばれる検定法の結果を見る機会もあると思いますが、次の例の①と②とではどちらの記述が正しいと思いますか。

　　　　① t (20) = 1.883, p < .05
　　　　② t (20) = 1.883, p < .05

　また、相関係数と呼ばれる指標の大きさを表現するのに、

　　　　③ r = .65
　　　　④ r = .65

ではどちらの表現が正しいと思いますか。「どちらも正しいのでは？」と思う人もいるかもしれませんが、統計的方法を使った研究の論文を読んだり書いたりした経験のある人は「②と④が正しいのでは？」と思うかもしれません。学術雑誌では基本的に t、p、r をイタリック体にした②と④の表現を用います。

　上にあげた t、p、r だけではなく、F（F値）、N（データ数）、df（自由度）、SD（標準偏差）、M（平均値）もイタリック体にするのが一般的です。ただし、a、χ、Σ などのギリシャ文字はイタリック体にしません。日本語教育学会の学会誌『日本語教育』に掲載されている論文を見てみましたが、イタ

リック体になっていないものが多くありました。「$t(20) = 1.883, \mathrm{p} < .05$」「t$(20) = 1.883, p < .05$」のように、一部のみイタリック体になっている残念な例もあります。

　なぜ統計の記号をイタリック体にするのか、調べてみましたが、納得のいく理由を見出すことはできませんでした。おそらく、英文で論文を書いた場合に、地の文と区別するためではないかと思います。そう考えると、日本語の場合は、必要性がないのかもしれませんね。念のため、過去に島田が書いた論文を確認したところ、「N」と書かれているのを発見しました。t、F、pは斜体になっていましたが…。しかし、一度刊行されたものは差し替えできませんので、くれぐれも気をつけましょう（自戒の念を込めて）。それにしても、いちいちイタリック体にするのは面倒な作業です。便利な変換ソフトはないものでしょうか。

2 　*、†は参照マーク

　表5–1は、4月の授業開始時と7月の授業終了時に自己評価アンケートを行い、4技能の得点をt検定で分析した結果です。表の一番右の列には、有意差があったかどうかを示す参照マークが書かれています。言語教育の論文では、一般的に、5％水準で有意の時は「*」、1％水準で有意の時は「**」で

表5–1　参照マークの例（誤った例）

自己評価の平均値

	授業開始時得点		授業終了時得点		
	平均値	標準偏差	平均値	標準偏差	
読む	65.32	12.22	69.12	12.70	*
聞く	58.02	15.63	59.11	13.28	
書く	60.12	9.02	59.02	11.02	
話す	62.30	18.02	65.86	16.93	*

$^* p < .05$　　$^{**} p < .01$

表 5-2　参照マークの例（正しい例）

自己評価の平均値

	授業開始時得点		授業終了時得点		
	平均値	標準偏差	平均値	標準偏差	
読む	65.32	12.22	69.12	12.70	*
聞く	58.02	15.63	59.11	13.28	
書く	60.12	9.02	59.02	11.02	
話す	62.30	18.02	65.86	16.93	*

$^{*}p < .05$

示します。参照マークが何を示すのかは表外や表注に記します。

　表 5–1 では、表の右下に「$^{*}p < .05$　$^{**}p < .01$」と書かれています。つまり、「* が付されている箇所は 5％水準で有意で、** が付されている箇所は 1％水準で有意だ」ということを示しています。このことから、表中の「*」が記された「読む」と「話す」は 5％水準で有意差があることがわかります。では、1％水準はどれでしょう。表を見ても、「**」はどこにもありません。「*」や「**」は参照マークですから、表中にないものを表外や注に書くのはおかしいです。つまり、この場合は、表 5–2 のように「$^{*}p < .05$」のみの記述でいいのです。ところが、表 5–1 のように、「$p < .01$」の結果がないのに「$^{*}p < .05$　$^{**}p < .01$」と書いたり、有意傾向の結果がないのに「$^{\dagger}p < .10$　$^{*}p < .05$　$^{**}p < .01$」のように書いたり、まるで決まりごとのように記載する論文を時々見ますが、表中に使用した参照マークについてのみ説明するのが正しい書き方です。

　また、図 5–1 のように、t 検定の結果を図で示し、英語母語話者と中国語母語話者との間で平均値に有意差のあった項目番号に「*」をつけている例を見かけます。先述したように、おおむね「*」は 5％水準、「**」は 1％水準で有意差があることを示します。しかし、「*」は、あくまでも参照マークですから、表外に「$^{*}p < .05$　$^{**}p < .01$」と記載しなくてはいけません。この記載がない例は多く見られます。

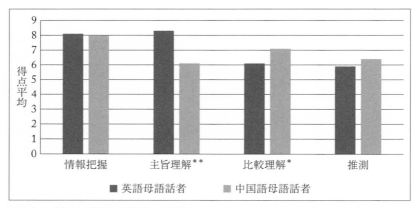

図5-1　_t_ 検定の結果の例（誤った例）

　繰り返しますが、「*」は参照マークです。論文中で注のマークを入れたら、ページの下部か本文の最後に注について説明を書きますが、それと同じです。参照される「*」がないのに「*」の説明をするのもおかしいですし、「*」があるのに参照する「*」の説明がないのもおかしいです。安易に先行研究を模倣するのではなく、なぜ参照マークを使用するのか、なぜ不等号を使用するのか、その意味を理解していれば、これまであげた誤りは避けられるはずです。

3　記号は正しく

　さて、「有意傾向」を示す時は、「*」ではなく「†」を参照マークとして使用するのが一般的です。ところが、「＋」と書いている論文が多々あります。あくまでも参照マークなので自分で「＋」を使用すると決めたのかもしれませんが、「†」の入力方法がわからず「＋」と入力したか、参考にした先行研究に「＋」と書いてあってそれを参照した可能性も大いにあります。「†」は「ダガー（dagger）」と読み、短剣（ダガーナイフ）を意味しています。「ダガー」と入力して変換すれば「†」は入力できます。（そう言われて

みれば、短剣の形ですよね。)

　ところで、「†」の入力のしかたがわからなかったかたも多いと思いますが、そのほか、「χ」(カイ)を「x」(エックス)と書く人がいます。カイはギリシャ文字の小文字です。「カイ」の文字を入力したいときは「カイ」と入力し変換すれば候補にあがってきます。ちなみに「カイ二乗検定」ですから、「χ」に続く「2」は、「χ^2」のように、上付きにする必要があります。もちろん半角です。くれぐれも「x2」(エックス 2)とはしないでください。

　参照マークの「*」も時折「＊」と書かれているのを見ることがありますが、通常は半角で書きます。

4　数式や数値の書き方にも注意

　下の例のような数式を入力するとき、スペースを入れるべきか迷うことはありませんか。『APA 論文作成マニュアル第 2 版』(2011: 130)によると、「数式にもスペースを配置すること」とあります。つまり、等号(＝)や不等号(＜ など)の前後にはスペースを挿入します。次の例は、左の例はスペースが挿入されていて、右の例はスペースがありません。スペースが挿入されている左の例の方が見やすいと思いませんか。

　　　　スペースが挿入(正しい書き方)　　　スペースがない

　　　　$p < .01$　　　　　　　　　　　　　$p<.01$

　　　　$t(20) = 1.883, p < .05$　　　　　　$t(20)=1.883, p<.05$

　表 5–3 は、表 5–1 とほぼ同じ表で、4 月の授業開始時と 7 月の授業終了時に自己評価アンケートを行い、4 技能の得点を t 検定で分析した結果を表しています。数値を見て、気になる箇所はないでしょうか。

　「授業開始時の「話す」の平均値」と「授業終了時の「読む」の標準偏差」のみ小数点以下第 1 位までしか記載がありませんが、ほかはすべて第 2

表 5-3　数字の書き方の例1（誤った例）

自己評価の平均値

	授業開始時得点		授業終了時得点		
	平均値	標準偏差	平均値	標準偏差	
読む	65.32	12.22	69.12	12.7	*
聞く	58.02	15.63	59.11	13.28	
書く	60.12	9.02	59.02	11.02	
話す	62.3	18.02	65.86	16.93	*

*$p < .05$

位まで記載されています。このように書かれている理由は、入力ミスの可能性もありますが、学生の例を見ると Excel が原因の場合があるようです。Excel は初期設定で、小数点以下の最後の「0」は省略されることになっているようで、「2.0」と入力しても「2」と表示されます。しかし、必ず小数点以下の桁数はそろえて書くべきです。Excel で「0」が省略されている場合は、小数点の設定を変えれば表示できますし、Word にコピーしてから「0」を加筆してもいいと思います。

　表5–4 も小数点が揃っていない例です。「読む」の平均値が「100」になっていますが、これも「100.0」とするべきです。

まとめ

　この章では、結果を報告する際の記述方法に関する誤りを取り上げました。まとめると次のようになります。

1. 統計の記号は、アルファベットの場合、イタリック体で記載します。
2. 「*」などの参照マークを使用したら、その意味を記載します。そして、使っていない参照マークについては、記載は不要です。
3. 参照マークや統計の記号は正しく書きましょう。特に間違いが多いのは、「†」（ダガー）や「χ」（カイ）です。

表 5-4　数字の書き方の例 2
（誤った例）

テスト得点の平均値

	平均値
読む	100
聞く	97.2
書く	89.3
話す	93.5

4. 数式を記載する場合、等号（＝）や不等号（＜ など）の前後には半角スペースを挿入します。

5. 小数点以下の桁数を揃えます。「0」も省略せず書きます。

6. 統計は、計算したら終わりではなく、正しく報告するところまでが大事な過程です。今回あげた例は瑣末なことのように思われるかもしれませんが、そうではありません。適切に報告しないとせっかくの結果を正しく伝えることができなくなってしまいますので、最後まで気を抜かず記述を完成させましょう。

引用文献
アメリカ心理学会（2011）『APA 論文作成マニュアル第 2 版』（前田樹海・江藤裕之・田中建彦（訳）），医学書院

練習問題

どちらの書き方が適切ですか。

(1) t 検定 t 検定

(2) x^2 検定 χ^2 検定

(3) $t(20) = 1.883,\ p < .05$ $t(20)=1.883,\ p<.05$

(4) $^\dagger p < .10$ $+ p < .10$

第6章
t 検定にまつわる Don'ts

　以前、『日本語教育』『社会言語科学』『世界の日本語教育』などの日本語教育関連の雑誌を対象に、どのような統計手法が多く使用されているか調べたことがあります。もっとも多く使用されていたのが *t* 検定でした。*t* 検定とは、2つの母集団の平均値の間に有意な差があるかどうかを調べるものです。この章では、この *t* 検定について日頃感じることをまとめてみました。

1　統計的推測は全数データでは行わない

　t 検定のような統計的推測という統計手法は、母集団から抽出したサンプルデータに基づいて、母集団に関して差があるか否かを計算の結果から推測するものです。ですから、母集団の全データを扱うときには、この統計的推測の手法は使用しません（第1章参照）。しかし、全データを扱っているにもかかわらず統計的推測の手法を用いた結果を掲載している論文を見ることがあります。

　20年ほど前、筆者の島田と野口は日本語教育学会の試験分析委員会の委員で、日本語能力試験の実施結果に関する分析を行っていました。そのころ日本語能力試験がスタートして10年の節目を迎え、過去10年の問題の分析を行うことになりました。島田は聴解類を担当し、談話や選択枝の特徴が結果に影響を及ぼしているかを分析しました。談話形式がモノローグかダイアローグかによって正答率の平均値に差があるかを調べるために、*t* 検定を用いようとしたところ、「全データを分析しているのだから *t* 検定をする必要がないし、してはいけない」と野口から指摘されました。確かに、母集団は日本語能力試験の聴解類の問題で、実際に扱っているデータは過去問題す

べてでしたから、「母集団に関する推定」をする必要はなかったのです。そのころ、島田は、正しく「母集団に関する推定」の意味を理解していませんでした。野口の指摘がなかったら、危うく誤った分析を世に公表しているところでした。

　母集団の全データが分析対象となっている場合は、推測統計の手法を用いずに、記述統計の方法で分析します。記述統計の方法というのは、この場合は、平均値、標準偏差、相関係数などを示すということになります。

　ところで、上記に「選択枝」と書きました。通常は「選択肢」と表記された文章を見ることが多いと思いますが、日本語能力試験をはじめ複数の試験では「選択枝」と表記されます。日本テスト学会が 2007 年に出版した『テスト・スタンダード─日本のテストの将来に向けて』で「選択枝」が採用されているため、テストに関する専門用語としては「選択枝」を用いるということなのだと思います。同書によると、「肢」という身体用語を避けたいということ、英語で設問部分を stem（幹）、選択「肢」を branch（枝）ということから、「選択枝」を採用する理由が記載されています（p.18）。この本ではこれにしたがって「選択枝」を用いています。

2　t 検定を繰り返してはいけません

　t 検定は、冒頭に述べたとおり、2 変量の間の平均値の差を検討する統計手法です。例えば、文法テストについて、中国語母語話者と韓国語母語話者とタイ語母語話者の平均値の間に差があるか否かを見たい場合、「中国語母語話者」と「韓国語母語話者」の間で検定、「韓国語母語話者」と「タイ語母語話者」の間で検定、「タイ語母語話者」と「中国語母語話者」の間で検定、というように、繰り返して t 検定を行っても意味がありません。この例のように 3 つの母集団の間を検討したい場合は、分散分析法を利用します（詳細は第 9 章で述べますので、そちらを参照してください）。このことは、t 検定を解説する書籍には必ず書いてあることですが、t 検定を 3 つの母集

団間の組み合わせで繰り返し実施するという誤った使い方をしている論文を
見かけることがあります。

　では、なぜ t 検定を繰り返してはいけないのでしょう。少し丁寧に解説し
ていきます。

① まず、「中国語母語話者」と「韓国語母語話者」という 2 つの母集団の場
合を考えましょう。この場合の検定仮説は次のようになります。

　仮説：「中国語母語話者」と「韓国語母語話者」の母平均の間には差がな
い。

有意水準を 5％に設定した場合、有意確率 5％以下だとこの仮説は棄却され
ます（「両者の母平均の間には差がある」という結果になります）。逆に、棄
却されない（検定仮説を採択する）確率は 95％になります。

② では、3 つの母集団の場合はどうなるでしょう。
検定仮説はつぎのようになります。
　仮説：「中国語母語話者」と「韓国語母語話者」の母平均の間には差がない。
　　　　　　　かつ
　　　　「韓国語母語話者」と「タイ語母語話者」の母平均の間には差がない。
　　　　　　　かつ
　　　　「タイ語母語話者」と「中国語母語話者」の母平均の間には差がない。

　つまり、3 つの母集団の場合の検定仮説は、すべての組み合わせで「差が
ない」ということです。この仮説を棄却するには、3 つの組み合わせのうち
少なくとも 1 つの組み合わせで「差がある」と判断されればいいのです。
ここまでで、3 つの母集団の方が「差がある」と判断されやすいということ
がわかると思います。

③ 最後に、3つの母集団の場合が2つの母集団の場合に比べて、具体的にどのぐらい「差がある」と判断されやすいのか考えてみましょう。5％水準の場合、仮説が棄却されない確率は「中国語母語話者」と「韓国語母語話者」という2つの母集団については上記のとおり 0.95（95％）です。

　3つの母集団の場合は、仮説が棄却されない確率は、「中国語母語話者」と「韓国語母語話者」の間について 0.95（95％）、「韓国語母語話者」と「タイ語母語話者」の間についても 0.95（95％）、「タイ語母語話者」と「中国語母語話者」の間についても 0.95（95％）です。これらすべてにおいて棄却されない確率は、「0.95×0.95×0.95」、つまり 0.857 ということになります。そして、少なくとも1つの仮説で棄却される確率は、「1−0.857」で、0.143 となります。最初は有意水準 0.05（5％）で考えていたのに、3つのうち少なくとも1つの組み合わせで棄却される確率は 0.143（14.3％）になってしまうのです。ずいぶん棄却されやすくなるということです。ですから、3つの母集団のときは、t 検定ではなく、分散分析法を使用する必要があります。あるいは、有意水準を厳しくして、t 検定を繰り返し実施する例を見ることもあります。

3　平均値だけではなく標準偏差も報告しよう

　t 検定は、平均値の差の検定ですが、t 値は標準偏差（分散）の大きさも影響します。そのため、必ず標準偏差も報告しなければいけないのですが、残念ながら標準偏差が報告されていない論文が非常に多いです。表に書き込むときは、表6–1のように、平均値を示し、標準偏差は（　　）に書くことが多いです。しかし、そのことを知らない読者もいますから、必ず表6–1のように「（　　）内は標準偏差を示す」ということを明記する必要があります。

　また、グラフで平均値を示し、標準偏差を示していない場合もありますが、やはり、必ず標準偏差を示さなければいけません。なかには、グラフに

表 6-1　平均値の表の例

E-learning アクセス回数平均値

	アクセス回数平均値
A グループ	6.52（1.21）
B グループ	8.77（1.56）

（　）内は標準偏差を示す

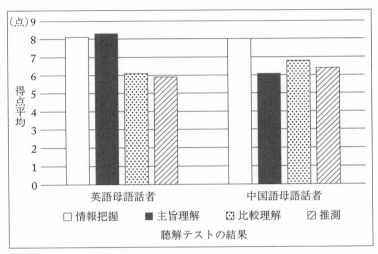

図 6-1　平均値の図の例（誤った例）

平均値がはっきり明記されていない図 6-1 のような例もあります。図 6-1 は、聴解テストの問題の内容別に、英語母語話者と中国語母語話者の得点の平均値を示したものです。第 2 章に書きましたが、このような図は平均値を示すにはふさわしくありません（理由は第 2 章参照）。しかし、平均値を示すのにこのようなグラフを用いる論文が非常に多いのも事実です。図 6-1 の場合は、おおよその平均値はわかりますが、正確な平均値、そして標準偏差の情報が書かれていません。執筆者はグラフで示しているのでわかりやすいと考えているのかもしれませんが、*t* 検定に必要な平均値と標準偏差は明記されなくてはいけません。

4 必要な情報、書いていますか

　統計手法が用いられている論文を読むと、大事な情報が書かれていない例をたびたび見ます。例えば、図 6–1 のグラフを示し、結果（t 検定の結果）については次のような記述が書かれていたとしたらどうでしょう。

　　「情報把握」「比較理解」「推測」は両者の間で有意差は見られなかったが、「主旨理解」に関しては英語母語話者の方が中国語母語話者より有意に平均値が高かった（$t(52) = 3.50, p < .01$）。

　この記述では、有意差が観察された「主旨理解」問題については t 値などが報告されていますが、差がなかった他の問題については「有意差は見られなかった」ですまされています。「有意差が見られなかった」のも結果ですから、これらも含めて、すべての t 検定の結果を示さなくてはいけません。
　ところで、t 検定には、比較する 2 つの母集団で分散が等しい、すなわち等分散性が仮定されるという条件があります[1]。次の例を見てください。

　　2 つのグループの得点を比較したところ、等分散ではないことがわかったため、ウェルチの t 検定を行った。

　この例では、等分散であるかを確認していることがわかります。しかし、その結果を導いた方法や数値が提示されていません。「等分散ではない」ということの根拠を示す必要があります。例えば、「等分散性を確認したところ、両者の得点の分散には有意差は認められなかったため（$F(15, 19) = .630$, $p = .433$）、等分散と判断し、通常の t 検定を行った。」（島田・野口 2017: 62）などです。

5　そのデータで分析することは妥当ですか

　対応のない *t* 検定は、平均値、標準偏差がわかっていれば計算できます。そのため、自分が収集したデータと先行研究のデータ（平均値と標準偏差）を使い、母平均に差があるか *t* 検定を行おうと考える人がいます。例えば、5 年前の先行研究で、英語母語話者を対象に行った日本語に関する自己評価得点の結果（人数と平均値と標準偏差）がわかっています。自分はベトナム語母語話者を対象に同様の調査を行ったので、英語母語話者グループとベトナム語母語話者グループの母平均の間に差があるか検討するというような例です。この場合、有意差があったとしても、母語の違いだけではなく、5 年という時期の違い、学習環境、学習方法、年齢、そして何よりも 2 つの調査の目的や実施方法などの諸条件や拠って立つ理論的基盤の違いなどが影響している可能性を否定できません。つまり、仮説を検証することは難しいと言えます。これは極端な例ですが、先行研究ではなく自分で収集したデータを使用する場合でも、知りたい要因（例えば母語の違い、日本語能力レベルの違いなど）以外に、結果に影響を及ぼす要素がないかよく考える必要があります。

まとめ

　この章では、*t* 検定の結果を報告する論文を読んでいて気づいたことをとりあげました。まとめると次のようになります。

1. *t* 検定のような統計的推測という統計手法は、母集団から抽出したサンプルデータに基づいて、母集団に関して差があるか否かを判断するものですから、対象とする母集団全体が分析データとなる場合には、統計的推測ではなく、統計的記述の方法を取ります。

2. *t* 検定は、2 つの母集団間で平均値が異なるか否かを検討する方法であるということを忘れてはいけません。ですから、3 つの母集団間で平均値

が等しいという仮説を検定するのに、同じデータに対して組み合わせを変えて繰り返し計算してはいけません。3つの母集団間の平均値の差を検討する場合、2つの母集団間で検討する場合よりも、検定仮説が棄却しやすくなる、つまり本当は差がないのに「差があった」と結論付けてしまう可能性があるからです。

3. t 検定の結果を報告するときは、平均値だけではなく、標準偏差も報告します。

4. 単に「有意な差は見られなかった」だけではなく、その根拠となる数値も報告します。また、「等分散ではない」場合も、どのように計算したか根拠を示す必要があります。

5. 知りたい要因（例えば母語の違い、日本語能力レベルの違いなど）以外に、結果に影響を及ぼす要素がある場合は t 検定を行っても意味がありません。

注

1　等分散性の検定の結果、等分散と確認できたら通常の t 検定、確認できなかったらウェルチの t 検定を行うのが一般的ですが、最近は、等分散性の検定を行わず、最初からウェルチの t 検定を用いることがあります。

引用文献

島田めぐみ・野口裕之（2017）『日本語教育のためのはじめての統計分析』ひつじ書房
日本テスト学会（2007）『テスト・スタンダード―日本のテストの将来に向けて』金子
　　書房

練習問題

次の記述には誤りがあります。誤りの箇所を指摘してください。

(1)「聞く」「書く」「話す」はベトナム語母語話者と中国語母語話者の間で有意差は見られなかったが、「読む」に関しては中国語母語話者の方がベトナム語母語話者より有意に平均値が高かった（$t(52) = 3.50, p < .01$）。

(2) 2 つのグループの得点を比較したところ、等分散ではないことがわかったため、ウェルチの *t* 検定を行った。

(3) 韓国語母語話者と中国語母語話者とタイ語母語話者の結果を比較するために、まず、韓国語母語話者と中国語母語話者の間で *t* 検定を行い、次に、中国語母語話者とタイ語母語話者の間で *t* 検定を行い、最後に韓国語母語話者とタイ語母語話者の間で *t* 検定を行った。

(4)「読む」テストと「聞く」テストの間に有意な差があるが *t* 検定を行った。基本統計量は表 1 の通りである。

表 1　「読む」テストと「聞く」テストの結果

テスト	平均値
読む	72.3
聞く	67.2

第7章
相関係数の検定（無相関検定）にまつわる Don'ts

　相関係数は、間隔尺度・比（率）尺度の2つの変数の間の関連性を見るための指標として用いられます。第7章では、相関係数、無相関検定について注意が必要な事項をまとめます。

1　相関係数は一致度の計算には向いていない

　相関係数も多くの研究で扱われています。例えば、作文や会話などのパフォーマンステストについて、2人の評定者の間の評定の一致度を検討するときに、相関係数を用いる研究があります。しかし、正確に言うと、相関係数では一致度を見ることはできません。表7-1は、ある作文テストの評価結果を表しています。5人の学生が書いた作文を評定者3人が6段階（0〜5）で評定しています。

表7-1　作文テストの評価結果

	学生 A	学生 B	学生 C	学生 D	学生 E	平均
評定者 1	2	4	5	1	3	3.0
評定者 2	1	3	4	0	2	2.0
評定者 3	2	4	5	1	3	3.0

　評定者1と評定者3は、全く同じ結果なので、相関係数を計算すると1.0になります。散布図で表すと図7-1のようになり、両者の評定が完全に一致して直線状に並んでいることがわかります。評定者1と2は、同じ結果ではありませんが、相関係数を計算すると1.0になります。散布図で表すと図7-2のようになります。評定者2の各結果に1を加えると評定者1の結

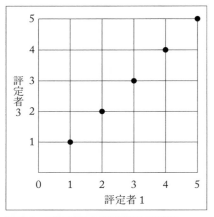

図 7–1　評定者 1 と評定者 3 の結果

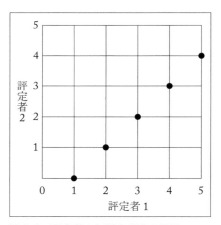

図 7–2　評定者 1 と評定者 2 の結果

　果になり、この組み合わせも直線状に並んでいます。これらの例のように、データが直線上にプロットされる場合、相関係数は 1.0 になります。

　しかし、図 7–1 の結果と図 7–2 の結果を同じ一致度と解釈してもいいのでしょうか。表 7–1 の平均値を見ると、評定者 1 は 3.0、評定者 2 は 2.0 であり、5 点満点で考えると大きな違いと言えます。つまり、相関係数は 1.0

であっても、評定者 1 と 3 の組み合わせのようにまったく同じ結果という
わけではありません。つまり、相関係数では、2 変量間の一致度を正確に見
ることはできないのです。特に、平均値が異なる場合は、相関係数ではな
く、κ（カッパ）係数（厳密には、重み付き κ 係数）を計算するべきです。κ
係数であれば、2 変量間の一致度がわかります。ちなみに、表 7–1 の評定者
1 と評定者 2 の間で κ 係数を計算すると、0.83 になり、相関係数（1.0）とは
異なる結果となります。κ 係数の計算法に関しては、例えば、野口・大隅
（2014）を参照して下さい。

2　データの範囲の取り方で結果は変わる

　日本語学習者を対象に自己評価調査と日本語客観テストを実施した場合、
両者の間の相関はどの程度だと思いますか。このような調査を報告する研究
は多くありますが、データのとり方でずいぶん結果が異なります。島田・三
枝・野口（2006）では、それを証明しています。日本語能力試験 1 級 [1] の受
験者 583 名を対象に、その総点と Can-do statements 自己評価調査の総点の
間の相関係数を計算したところ、0.203 で、2 級受験者 171 名の場合は 0.312
でした。ところが、日本語能力試験 1 級から 4 級の過去問題の項目（当時は
過去問題が公開されていました）からなるプレースメントテスト総点と
Can-do statements 自己評価調査の総点の間の相関係数（受験者は 91 名）は
0.804 と高い水準でした。両調査で使用したテストはどちらも日本語能力試
験を利用したもので、自己評価調査票も同一のものでした。それなのに、な
ぜこんなにも違うのでしょう。それは、日本語能力試験は級別テストである
ため、各級の受験者の能力差が小さいのですが、プレースメントテストの受
験者は初級から上級までの学習者が含まれ能力差が大きいということが要因
です。データの範囲が狭いと相関係数は低くなり、広いと相関係数は高く計
算されます。

　これは、教育学分野では「分布の切断効果」として知られています。大学

70

の入学試験が入学後のパフォーマンスを予測できるか、つまり入学試験の得点が高い人は入学後の成績もいいかということを検証しようとすると、得られるデータは入学者のものだけとなります。入学者はすでに選抜された一部のデータであるため、それらのデータで相関係数を計算しても低い水準にとどまるというものです。

　相関係数を計算し分析するときは、計算に用いたデータの範囲が影響を及ぼしていないかも考慮に入れる必要があります。

3　無相関検定とは？

　相関係数の結果を報告する文に次のようなものがあります。

　　語彙テストの得点と聴解テストの得点は有意な相関を示している。

「有意な相関」とはどういうことでしょうか。相関の検定を理解していない読者は、「相関係数が高い」「強い相関関係にある」と理解してしまいそうです。ここでの「相関の検定」は、「無相関検定」で、「2変量の相関係数が母集団でゼロである」という検定仮説を検定するものです。つまり、有意水準（例えば5%）以下であれば、検定仮説が棄却されますので「2変量の相関はゼロではない」ということを示します。ゼロではないだけで、「強い」相関関係にあるとは言えないのです。相関の度合いに言及するのであれば、相

表 7-2　相関係数の例

	授業への興味	授業の満足度	成績
授業への興味	1.00		
授業の満足度	.54**	1.00	
成績	.15*	.11	1.00

$**\ p < .01$　$*\ p < .05$

関係数の値を参照する必要があります。

　例えば、表 7–2 は授業内容に対する評価と成績の相関を示したものです。授業への興味と成績の間の相関係数は 0.15 で、この値を見る限り、相関はほとんどなさそうです。しかし、無相関検定では「5％水準で有意」という結果となっています。この結果から、「授業への興味が高い人ほど成績がいい」と言えるでしょうか。相関係数 0.15 というのは、かなり弱い相関だと言えますので、「授業への興味が高い人ほど成績がいい」と明確に言い切ることは難しいと思います。では、この場合の結果はどのように報告したらいいのでしょうか。次のような記述でしたら誤解は生じないと思います。

　　授業への興味と成績の間には、有意な相関があるが、その関連性は弱いと言える。

このように相関係数が低くても、無相関検定では有意（相関はゼロではない）と判断されることがあります。これは、データ数が多いことに起因する可能性があります。相関の検定だけではなく、他の検定でも同様で、データ数が多いと検定仮説が棄却されやすくなるという特徴を統計的検定では一般に持っています。ですから、推測統計を用いるときは、データ数が多すぎてはいけません。結果を誤る可能性があるからです。この点は 10 章で詳しく解説します。

4　相関係数から因果関係はわからない

　文法のテストと読解のテストの得点の間の相関を計算したところ 0.8 という高い数値が得られました。その結果を報告するときに、次のように記述されているのを見ることがあります。

　　文法の能力が上がると、読解能力も上がる

この記述は、「文法能力が上がること」が原因で、「読解能力が上がること」が結果だということを意味しています。しかし、相関係数からは、因果関係を示すことはできません。文法能力と読解能力の関連性があることはわかりますが、どちらかが原因になっているということは言えないのです。ですから、このような記述ではなく、「文法能力が高い学習者は読解能力も高い」、逆に「読解能力が高い学習者は文法能力も高い」、あるいは「文法能力と読解能力は関連性がある」というように書くのが正しいです。

まとめ

最後に、本章の内容をまとめてみたいと思います。

1. 2変量の一致度を見る場合は、相関係数ではなく、κ 係数（カッパ係数）の方が適切です。
2. 無相関検定は、「2変量の相関係数が母集団でゼロである」という検定仮説を検定するものなので、相関の「度合い」を見る場合は相関係数の値を参照しなくてはいけません。
3. 無相関検定をはじめとした検定の結果というのは、データ数の影響を受けるということを覚えておく必要があります。
4. 相関係数からは、関連性があるかどうかはわかりますが、因果関係はわかりません。

注
1　2009 年までは、1級から4級でした。

引用文献
島田めぐみ・三枝令子・野口裕之（2006）「日本語 Can-do-statements を利用した言語行動記述の試み—日本語能力試験受験者を対象として—」『世界の日本語教育』16, 75–88
野口裕之・大隅敦子（2014）『テスティングの基礎理論』研究社

練習問題

（1）次の相関係数が得られた場合、どのようなことがわかりますか。

	授業への興味	自己評価
テスト得点	.73 **	.22 *

$^*p < .05$　$^{**}p < .01$

（2）次の計算を行う場合、相関係数と κ（カッパ）係数のどちらを使用します
か。

①　20 人の学習者の口頭能力を、2 人の評定者が評定した。2 人の評定
者の評定結果の一致度を計算する。

②　20 人の学習者について、口頭能力試験での「文法の正確さの得点」
と「総合点」の間の関連性を計算する。

第 8 章
χ^2 検定にまつわる Don'ts

この章では、χ^2 検定をとりあげます。χ^2 検定とは、2 つの名義尺度の変数の間に関連があるか、それとも独立であるかを見るものです。

1　χ^2 検定の基本はクロス表にあり

χ^2 検定で分析した論文を読んで、いったいどういうクロス表で計算したのかわからないということがたびたびあります。たとえば、アンケート調査の結果について、次のように書いてあったらいかがでしょう。どのようなクロス表で計算したかわかるでしょうか。

> χ^2 検定の結果、日本語母語話者は、日本語非母語話者より、1 番と 2 番の項目を選んだ割合が多い。

考えられることとして、表 8-1 と表 8-2 の可能性があります。表 8-1 は 1 番の結果ですが、このように、項目ごとにクロス表を作って、質問項目数の回数分（例えば、4 項目なら 4 回）χ^2 検定を行ったかもしれませんし、表 8-2 のように、全体のクロス表を作って、χ^2 検定を 1 回行ったのかもしれません。どちらだったかは、結果に自由度が記載されていれば見当がつきますが、書かれていないとまったくわかりません。ちなみに、表 8-1 の場合の自由度は 1（2×2 のクロス表なので、(2-1)×(2-1) となります）、表 8-2 の場合の自由度は 3（2×4 のクロス表なので、(2-1)×(4-1) となります）となります。

χ^2 検定のように、2 変量の独立性の検定をする場合は、原則的にクロス

表 8-1　クロス表（期待度数なし）の例 1

1 番の結果（人数）

	選択	非選択	合計
日本語母語話者	10	20	30
日本語非母語話者	5	35	40
合計	15	55	70

表 8-2　クロス表（期待度数なし）の例 2

1 番から 4 番の結果（人数）

	1 番	2 番	3 番	4 番	合計
日本語母語話者	10	10	5	5	30
日本語非母語話者	5	7	22	6	40
合計	15	17	27	11	70

表を示します。表 8-1 と表 8-2 は観測度数（実際に得られた値）を記載しただけですが、これに期待度数を加えるのが一般的です。表 8-3 の（　　）内の数字が期待度数です。期待度数というのは、クロス表に偏りがない（独立である）ことを想定した値、すなわち全体（合計）の回答結果の傾向を反映した値となります。表 8-3 の場合、「1 番を選択した人」は日本語母語話者と日本語非母語話者を合わせて、70 人中 15 人（約 21.4％）です。もし、日本語母語話者と日本語非母語話者の回答に偏りがなければ、同者とも 21.4％ほどの人が選択しているはずです。日本語母語話者 30 人のうち、21.4％に当たるのは 6.4 人であり、この数値が「日本語母語話者」で「1 番を選択した人」の期待度数となります。このように計算した期待度数を書き込んだのが表 8-3 です。表 8-3 を見ると、日本語母語話者の「選択」は期待度数（6.4）よりも観測度数（10）の方が多く、反対に、日本語非母語話者は期待度数（8.6）のほうが多いことがわかります。表 8-3 のように書くと、観測度数と期待度数を簡単に比較することができ、χ^2 の結果も容易に理解できます。期待度数のかわりにパーセントで表す論文を見ることがありますが、そ

表 8-3　クロス表（期待度数あり）の例

1 番の結果（人数）

	選択	非選択	合計
日本語母語話者	10 (6.4)	20 (23.6)	30
日本語非母語話者	5 (8.6)	35 (31.4)	40
合計	15	55	70

（　　）内は期待度数

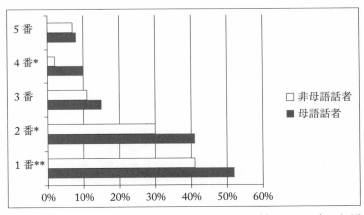

$^{**}p < .01$　$^{*}p < .05$

図 8-1　χ² 検定の結果をグラフ化した例
（図 2-8 を再掲）

のパーセントが全体の合計の中での割合なのか、行で合計した時の割合なのか、列で合計した時の割合なのか、一見してわからない場合があります。そのような意味でも、χ² 検定を行うのであれば期待度数を書くのが推奨されます。

　χ² 検定はクロス表をまとめて示すことが基本ですが、グラフで割合を示しただけの論文があります。例えば図 8-1 のグラフは、第 2 章で示したものです。これでは、観測度数も期待度数も自由度もわかりませんし、どのようなクロス表で χ² 検定を行ったのかすぐには理解できません。グラフは一

見して、違いがわかるという利点はありますが、χ^2 検定の結果を示す時には、観測度数、期待度数、自由度、χ^2 検定の結果、有意確率を報告することが求められます。グラフで示してはいけないわけではありませんが、まずはクロス表を示すのがいいでしょう。

2 期待度数が 5 未満のセルがある場合

期待度数が 5 未満のセルがある場合は、χ^2 検定を利用しないほうがいいのですが、ときおり 5 未満のセルがあると思われるのに χ^2 検定を使用している例を見ます。「5 未満のセルがあると思われる」と書いたのは、クロス表を示していなかったり、示していても期待度数が書かれていない場合があるからです。ここでは、期待度数が 5 未満のセルがあったときの対応を取り上げます。

島田・野口（2017）の「第 5 章　クロス表の分析」で示しているように、クロス表にまとめられている 2 つの名義変数間の独立性を検定するのに用いられる χ^2 の値は、2×2 の場合、

$$\chi^2 = \sum_{i=1}^{2} \sum_{j=1}^{2} \frac{(O_{ij} - E_{ij})^2}{E_{ij}}$$

$$= \frac{(O_{11} - E_{11})^2}{E_{11}} + \frac{(O_{12} - E_{12})^2}{E_{12}} + \frac{(O_{21} - E_{21})^2}{E_{21}} + \frac{(O_{22} - E_{22})^2}{E_{22}}$$

で計算されます（O は観測度数、E は期待度数です）。

例えば、表 8–4 のようなクロス表が得られた場合には、

$$\chi^2 = \frac{(20-30)^2}{30} + \frac{(30-20)^2}{20} + \frac{(40-30)^2}{30} + \frac{(10-20)^2}{20} = \frac{50}{3} = 16.7$$

表 8-4　クロス表の例 1　（2×2 の場合）

		母語		合計
		中国語	韓国語	
問い (2)	はい	20 (30)	30 (20)	50
	いいえ	40 (30)	10 (20)	50
	合計	60	40	100

（　）は期待度数

注：島田・野口（2017: 71）の表を改変
　　引用元表タイトル「クロス集計表例 3」

になります。

　2 つの名義変数の独立性を検定する時に用いる χ² 検定は、この χ² 値が近似的に χ² 分布に従うことを利用して行います。ただし、χ² 検定ではセル中の期待度数に 5 未満のものがあると、χ² 分布による近似が悪くなり、結果が不正確になります。その場合には、①期待度数が 5 以上になるようにデータを収集し直す、②フィッシャーの正確（直接）確率検定（Fisher's exact test）を使う、③セルの合併をする（意味のある合併でないといけません）、などの対応策をとる必要があります。ただし、基本的に、フィッシャーの正確（直接）確率検定は、2 × 2 の場合でのみ使用できます。

3　フィッシャーの正確（直接）確率検定

　ここでは、フィッシャーの正確（直接）確率検定について解説します。

　フィッシャーの正確（直接）確率検定では、周辺度数[1]を観測データから得られた値に固定した時に、理論的にあり得るすべてのクロス表の数と、観測されたデータから得られるクロス表よりも「極端な（独立でない）」パターンを示すクロス表の数を基にして、p 値（有意確率）が計算されます。

　表 8-4 ではコンピュータによる計算が必要になるので（手計算も労力と時

表 8-5　クロス表の例 2（観測データを集計したもの）

	日本アニメ		
	好き	関心がない	計
アジア出身	4 (6)	6 (4)	10
欧州出身	8 (6)	2 (4)	10
計	12	8	20

（　　　）内は期待度数

間を厭わなければ不可能ではありませんが）、表 8-5 を用いて例を示します。なお、本来はフィッシャーの正確（直接）確率検定は観測データの数が少ない時を想定した検定法です。

　表 8-5 は、アジア出身の留学生 10 名と欧州出身の留学生 10 名に「日本のアニメが好きか、関心がないか」を尋ねた結果を表わします（架空の例です）。

　この時、検定仮説は「日本アニメが好きか、関心がないか」と「アジア出身か欧州出身か」は独立である、ということになります。また、対立仮説は「日本アニメが好きか、関心がないか」と「アジア出身か欧州出身か」に関連がある、ということになります。すなわち、「日本アニメ好きは、アジア出身に少ない（欧州出身に多い）」場合と「日本アニメ好きは、アジア出身に多い（欧州出身に少ない）」場合の両方が考えられますから、両側検定を実施します。

　また、観測されたデータは、「アジア出身 10 名と欧州出身 10 名、合わせて 20 名」から、「日本アニメが好き」と回答した留学生が 12 名いる状況です。

　表 8-5 のクロス表よりも期待度数との乖離が大きくなると、出身と回答に関連が強くなります。表 8-5 では、「アジア出身で日本アニメが好き」な

表 8-6　「独立でない」パタンを示すクロス表 1
　　　　（アジア出身が少ない場合）

	日本アニメ		
	好き	関心がない	計
アジア出身	3 (6)	7 (4)	10
欧州出身	9 (6)	1 (4)	10
計	12	8	20

（　）内は期待度数

表 8-7　「独立でない」パタンを示すクロス表 2
　　　　（アジア出身が少ない場合）

	日本アニメ		
	好き	関心がない	計
アジア出身	2 (6)	8 (4)	10
欧州出身	10 (6)	0 (4)	10
計	12	8	20

（　）内は期待度数

人は 4 名観測されたことを示しています。表 8–5 のクロス表よりも期待度数と乖離するパタンを考えてみます。まず、周辺度数、つまり、一番下の行の「12（好き）」「8（関心がない）」の数値、一番右の列の「10（アジア出身）」「10（欧州出身）」は固定されます。そこで、乖離するパタンは、「アジア出身で日本アニメが好き」な人は、表 8–6 のように 3 名、表 8–7 のように 2 名というパタンになります。1 名のクロス表がないのは、アジア出身者を 1 名にすると、欧州出身者が 11 名となり、欧州出身者は合計で 10 名ですから、ありえないパタンになります。

　そこで、周辺度数を観測された結果（アジア出身 10 名、欧州出身 10 名、日本アニメ好き 12 名、関心がない 8 名）に固定した時に上記の 3 パタン（表 8–5、8–6、8–7）の起きる確率を計算してみます。ここでは高校数学の「順列・組み合せ」で学習した「組み合せ」を用いて上記の 3 パタンが起きる確率を計算します。「組み合せ」のことは忘れてしまったという読者は結果として得られる確率を見て下されば結構です。

　まず、20 名の回答者から「日本アニメ好き」が 12 名になる選び方（組み合せ）は全部で $_{20}C_{12}$ 通りになります。

　表 8–5 では 12 名のうち、アジア出身から 4 名、欧州出身から 8 名（合わせて 12 名）が選ばれ、その組み合せが $_{10}C_4 \times {}_{10}C_8$ 通り、

　表 8–6 では 12 名のうち、アジア出身から 3 名、欧州出身から 9 名（合わせて 12 名）が選ばれ、その組み合せが $_{10}C_3 \times {}_{10}C_9$ 通り、

　表 8–7 では 12 名のうち、アジア出身から 2 名、欧州出身から 10 名（合わせて 12 名）が選ばれ、その組み合せが $_{10}C_2 \times {}_{10}C_{10}$ 通り、

　にそれぞれなります。

　いま、それぞれが観測される確率を P（アジア出身者数, 欧州出身者数）と表わすとすると、

$$P(4, 8) = \frac{{}_{10}C_4 \ {}_{10}C_8}{{}_{20}C_{12}} = \frac{9450}{125970} = 0.0750$$

$$P(3, 9) = \frac{{}_{10}C_3 \ {}_{10}C_9}{{}_{20}C_{12}} = \frac{1200}{125970} = 0.0095$$

$$P(2, 10) = \frac{{}_{10}C_2 \ {}_{10}C_{10}}{{}_{20}C_{12}} = \frac{45}{125970} = 0.00036$$

になります。ここで左辺は（アジア出身で日本アニメ好きの人数, 欧州出身で日本アニメ好きの人数）が（4 名, 8 名）（3 名, 9 名）（2 名, 10 名）になる確率を表わし、$_{10}C_4, {}_{10}C_8, {}_{20}C_{12}$ はそれぞれ、アジア出身 10 名から日本アニメ

表 8-8 「独立でない」パタンを示すクロス表 3
（アジア出身が多い場合）

| | 日本アニメ | | |
	好き	関心がない	計
アジア出身	8 (6)	2 (4)	10
欧州出身	4 (6)	6 (4)	10
計	12	8	20

（　）内は期待度数

表 8-9 「独立でない」パタンを示すクロス表 4
（アジア出身が多い場合）

| | 日本アニメ | | |
	好き	関心がない	計
アジア出身	9 (6)	1 (4)	10
欧州出身	3 (6)	7 (4)	10
計	12	8	20

（　）内は期待度数

表 8-10 「独立でない」パタンを示すクロス表 5
（アジア出身が多い場合）

| | 日本アニメ | | |
	好き	関心がない	計
アジア出身	10 (6)	0 (4)	10
欧州出身	2 (6)	8 (4)	10
計	12	8	20

（　）内は期待度数

好き 4 名を選ぶ組み合わせ数、欧州出身 10 名から日本アニメ好き 8 名を選ぶ組み合わせ数、出身全体の 20 名から日本アニメ好き 12 名を選ぶ組み合わせ数、を表わします。なぜこのような式で左辺の確率が得られるのかについては、現段階では与えられたものとしておきます。そして、これら 3 つの和をとると、0.0750＋0.0095＋0.00036＝0.085（小数点以下第 4 位四捨五入）となります。

　この値を用いて、すぐに有意水準と比較してはいけません。なぜなら、いまは両側検定を実施するのですから、有意確率を計算するのに、「日本アニメ好きは、アジア出身に多い（欧州出身に少ない）」場合も考慮に入れる必要があるからです。クロス表では表 8–8、表 8–9、表 8–10 になります。これらは、それぞれ、表 8–5、表 8–6、表 8–7 のアジア出身と欧州出身の行を入れ替えた数値が入っています。

　それぞれが観測される確率を P（アジア出身者数，欧州出身者数）と表わすと、表 8–8、表 8–9、表 8–10 はそれぞれ、

$$P(8,4) = \frac{{}_{10}C_8 \; {}_{10}C_4}{{}_{20}C_{12}} = \frac{9450}{125970} = 0.0750$$

$$P(9,3) = \frac{{}_{10}C_9 \; {}_{10}C_3}{{}_{20}C_{12}} = \frac{1200}{125970} = 0.0095$$

$$P(10,2) = \frac{{}_{10}C_{10} \; {}_{10}C_2}{{}_{20}C_{12}} = \frac{45}{125970} = 0.00036$$

になります。そして、これら 3 つの和をとると、0.0750＋0.0095＋0.00036＝0.085（小数点以下第 4 位四捨五入）となります。

　最終的に、観測されたクロス表が得られる有意確率は、0.085＋0.085＝0.175 となり、有意水準を $a = 0.05$ とすると、有意確率の方が有意水準より大きい値を示しますので、検定仮説が採択されます。すなわち、「日本アニメが好きか、関心がないか」と「アジア出身か欧州出身か」は独立である、

ということになります。

　以上では、計算の過程を追って説明しましたが、実は表 8–5 から表 8–10 は、

	日本アニメ		
	好き	関心がない	計
アジア出身	a	b	m
欧州出身	c	d	n
計	o	p	N

とすると、その結果が得られる確率は

$$P(a, c) = \frac{m!\,n!\,o!\,p!}{a!\,b!\,c!\,d!\,N!}$$

で得られます。例えば表 8–8 の場合、

$$P(8, 4) = \frac{10!\,10!\,12!\,8!}{8!\,2!\,4!\,6!\,20!} = 0.0750$$

と計算すればいいのです。「！」は階乗[2]を表わす記号です。

　こうすれば数式は見やすくなりますが、手計算では大変なことに変わりはありませんね。

4　複数選択回答法のデータの場合

　アンケートなどで、「あてはまるものすべてに○を書いてください」のように提示された複数の項目の中からいくつ選んでもいいという回答方法（複数選択回答法）があります。例えば表 8–11 のような例です。表 8–11 は、ある大学の「日本語学習者」と「英語学習者」に対して「学習の動機」としてあてはまる項目を選ぶよう求めたアンケートの結果です（架空のデータです）。このような複数選択回答法の調査結果を χ²検定で分析したいと大学院

表 8-11　複数回答可の調査結果の例

外国語学習の動機

	将来の仕事	友人との会話	映画・ドラマ	マンガ	その他	計
日本語学習者 $n = 90$	32	78	67	46	32	255
英語学習者 $n = 80$	58	21	62	2	24	167
計	90	99	129	48	56	422

表 8-12　複数回答可の調査結果の例

外国語学習の動機「将来の仕事」の結果

	あてはまる	あてはまらない	計
日本語学習者	32	58	90
	(47.6)	(42.4)	
英語学習者	58	22	80
	(47.4)	(47.6)	
計	90	80	170

（　）内は期待度数を示す

生から相談されることがあります。表 8-11 の一番左の列にある通り、回答者は日本語学習者 90 名、英語学習者 80 名です。しかし、「計」の列（一番右の列）を見ると、日本語学習者 255、英語学習者 167 となっています。この数値は、協力者数ではなく、選択された項目の合計数となっており、これまで見てきたクロス表とは異なります。この例のように「複数回答可」で得られたデータを表 8-11 のようにまとめて χ^2 検定を実施することはできません。

　このデータで χ^2 検定を実施したいのであれば、項目ごとに「日本語学習者」と「英語学習者」の結果を比較するという方法があります。表 8-12 は、表 8-11 の項目の 1 つ「将来の仕事」の結果をまとめたものです。「将来の仕事」を選んだ回答者は「あてはまる」、選ばなかった回答者は「あてはまらない」として集計しています。これであれば、「計」の列（一番右の

列) の値 (90、80) が回答者の合計数と一致します。表 8–11 では項目が 5 つ
あるので、表 8–12 のように 2 × 2 の χ² 検定を 5 回実施し、それぞれの項
目を選ぶかどうかについて、日本語学習者と英語学習者で違いがあるかを検
討していきます。

5　χ² 検定の結果の報告のしかた

　次に、χ² 検定の結果を報告する文ですが、次のような記述を見ることが
あります。

　　授業の満足の程度に関して、グループ A と B の間に 5％水準で有意差
　　が認められた ($\chi^2(3)$ = 8.921, p < .05)。

　第 6 章で取り上げた t 検定は平均値の差の検討なので「有意差」という表
現を使用しますが、χ² で、「有意差があった」という表現は適切ではありま
せん。では、どのように言うかというと、有意確率が有意水準以下だった場
合は、「関連性がある」「偏りがある」などの表現を使用します。先の例で
は、次のようになります。

　　授業の満足の程度に関して、グループの違い (A か B か) と有意な関連
　　があった ($\chi^2(3)$ = 8.921, p < .05)。

あるいは、以下のようになります。

　　授業の満足の程度に関して、グループ間で有意な偏りがあった ($\chi^2(3)$
　　= 8.921, p < .05)。

まとめ

　最後に、第8章の内容をまとめてみたいと思います。

1. χ^2検定の結果を報告する時には、クロス表を報告するのが一般的です。クロス表を提示すれば、どのように計算したのかが一目瞭然にわかります。
2. クロス表には、観測度数と期待度数を記載することが望まれます。
3. 期待度数が5未満のセルがある場合は、フィッシャーの正確（直接）確率検定を用いたりします。
4. 有意確率が有意水準以下だった場合の結果は、「関連がある」などと表現します。「有意差があった」とは言いません。

注

1　周辺度数とは、表8-5の場合、一番右の列「アジア出身10」「欧州出身10」、一番下の行「好き12」「関心がない8」の数値のことです。

2　$m!$は、1からmまでの整数の積を表します。例えば、3!は$1 \times 2 \times 3$、つまり6となります。

引用文献

島田めぐみ・野口裕之（2017）『日本語教育のためのはじめての統計分析』ひつじ書房

練習問題

(1) 次の表に期待度数を加筆して、クロス表を完成させてください。

表 1　日本語でメールを書いた経験の有無

	あり	なし	合計
初級学習者	15 (　　)	20 (　　)	35
中級学習者	18 (　　)	5 (　　)	23
合計	33	25	58

(　)内は期待度数

(2) (1) のクロス表について χ²検定を行った結果、「χ²値 = 5.723, $p <$ .05」という結果でした。どのように報告しますか。

第9章
分散分析にまつわる Don'ts

　分散分析とは、3つ以上の母集団の平均値の間に有意な差があるかどうか
を検定するものです。分散分析には、いろいろなデザインがありますが、本
章では、二元配置を取り上げます。

1　結果検討の順番には意味がある

　SPSS などの統計ソフトを使用して分散分析を行うと、主効果、交互作
用、単純主効果（単純効果）の検定結果がすべて出力されます。これらは、
どのように、どのような順で報告したらいいのでしょう。分散分析を行った
論文を見ると、実に様々です。しかし、報告のしかたには一定の決まりがあ
ります。二元配置の場合、検討の順番は基本的に次の通りとなります（島
田・野口 2017: 98-99 参照）。

　最初に交互作用の検定結果を見ます。

　●交互作用が有意ではない場合→各要因の主効果の検定結果を見ます
（2つの要因の効果が独立に従属変数に効果を持つので、それぞれの要因の
主効果を見ます。）
　●交互作用が有意である場合→単純主効果を見ます
（片方の要因の効果の大きさがもう一方の要因の水準ごとに異なっているの
で、水準ごとの効果の大きさを検定します。）

　次の例は尹（2006）から引用したものです。ここでは、授受補助動詞「て
くれる」「てもらう」の使用傾向に関して、日本語母語話者（NS）、韓国で

学ぶ日本語学習者 (JFL) の上位群と下位群、日本国内で学ぶ日本語学習者 (JSL) の上位群と下位群の間で差があるかを検証しています。

> 被験者群、受益動詞の種類 (「てくれる」「てもらう」) を要因とする分散分析の結果、被験者群と受益動詞の種類との間に交互作用が有意であった ($F(4, 283) = 5.30$, $p < .01$)。そこで、受益動詞の種類の単純主効果を被験者群の水準ごとに検定したところ、JFL 下位群・NS では有意であった (JFL 下位群：$F(1, 184) = 22.37$, $p < .01$, NS：$F(1, 98) = 16.09$, $p < .01$) が、JFL 上位群・JSL 下位群・下位群 [1] では有意ではなかった。
>
> (尹 (2006：124–125) より引用)

わかりやすく書くと次のようになります。グループにより、「てくれる」と「てもらう」のどちらを多く使用するかが異なっていたため (交互作用がある)、グループごとにどちらの使用数が多いか分析しました。分析したところ、NS と JFL の下位群は「てくれる」と「てもらう」の使用数に違いがあった、という結果でした (NS は「てもらう」の使用が多く、逆に JFL の下位群は「てくれる」が多かったそうです)。そして、それ以外の JFL の上位群と JSL の上位群・下位群は、「てくれる」と「てもらう」の使用数には差がなかったと報告されています。

この例のように、まず交互作用の検定結果を報告して、その結果により、主効果か単純主効果の結果を報告します。ところが、次の報告例 (架空の例) のように、交互作用の結果にかかわらず、まず主効果の結果を報告する研究が多く見られます。表 9–1 は、自己評価アンケートを学期開始時、中間、終了時に行った結果をまとめたものです。その下の文章は、表 9–1 の結果を報告するものです。

表9-1 中国語母語話者とタイ語母語話者の自己評価アンケート結果

（平均、標準偏差）

	開始時	中間	終了時
中国語グループ	72.9 (7.5)	67.1 (6.8)	83.6 (5.7)
タイ語グループ	62.1 (6.5)	72.9 (5.4)	75.7 (4.9)

分散分析の結果、時期では有意な主効果が見られ、グループ間では主効果は有意ではなかった。また、時期とグループの交互作用は有意であった。交互作用が認められたため、単純主効果の検定を実施したところ、中国語母語グループ、タイ語母語グループとも単純主効果が有意だった。そこで、母語グループごとに多重比較を実施したところ、中国語グループでは、開始時と中間の時期の得点の間には有意な差はないが、終了時の得点は開始時期と中間の時期よりも有意に高いことがわかり、タイ語グループでは、開始時よりも中間の時期と終了時の得点が高く、中間時期と終了時の得点に有意な差は認められなかった。時期に関して単純主効果を見ると、開始時期と終了時期では中国語グループの方が高く、中間時期ではタイ語グループの方が高かった。

　（本来ならばF値、p値も報告すべきですが、ここは例示であるため省略しました。）

　この例では、まず主効果を報告しています。しかし、交互作用があるため主効果の結果よりも単純主効果の方が有意味な情報を得ることができます。つまり、時期によってグループ間の差の結果が異なる、ということです。これは主効果では見ることができません。主効果の結果は間違っていないわけですから、報告することが絶対いけないというわけではありませんが、そこにはほとんど意味がないので、報告する必要はないというわけです。

2　必ず報告しなくてはいけない事項がある

　上記の例は、報告しなくてもいい主効果の結果が報告されていた例ですので、大きな問題ではないかもしれません。次にあげるのは、交互作用の結果が記載されていないというものです（架空の例）。

　　韓国語母語話者と中国語母語話者が、それぞれ 2 種類の作文（テーマ 1、テーマ 2）を書いた。すべての作文を日本語教師 3 名が評価し、その平均値をそれぞれの得点とした。要因 I「母語」、要因 II「作文課題」の二元配置の分散分析を行ったところ、母語の主効果は有意であったが（$F(1, 23) = 14.3, p < .01$）、作文課題の主効果は有意ではなかった（$F(1, 23) = 3.3, n.s.$）。

　この例では、主効果しか報告していません。「交互作用」が有意かどうかによって、「主効果」を見るか「単純主効果」を見るかが決まりますので、「交互作用」の結果は重要です。この「交互作用」の結果が報告されていないのは、分散分析の結果としては誤り（不十分な報告）となります。主効果しか報告していないということは、交互作用は有意ではなかったのだろうと想像できますが、やはり交互作用の結果は報告するべきです。

　次の例では、交互作用が報告されていないだけではなく、主効果の結果なのか単純主効果の結果なのか明記されていません。

　　学習者の母語（ベトナム語と英語）における指示詞の使用（こ、そ、あ）について二元配置の分散分析を行った結果、ベトナム語話者においては「そ」の正答数が、英語話者では「こ」の正答数が、ほかの 2 つよりも有意に高かった（ベトナム語話者：$F(2, 232) = 14.3, p < .01$、英語話者：$F(2, 232) = 12.0, p < .01$）。

さらに、上記の例では、母語グループごとに、3 つの指示詞の正答数を比較していますので多重比較を実施していると思われます。しかし、その結果が明記されていません。また、最後のカッコ内の統計結果は、記述がありませんが、単純主効果の結果ではないかと思われます。

報告のしかたとして記載が不十分な例を見てきましたが、いずれも、「結論」つまり、どの要因が影響しているのか、どの水準が他の水準よりも平均値が高かったかのみを報告しようとしているようです。これは、主効果と単純主効果の違い、交互作用や多重比較の意味が読者にとってわかりにくいと考えて、省略しているのかもしれません。結論だけ報告したいという気持ちもわかります。しかし、統計的手法を使用するのであれば、どのような手法を用いて、その結果が得られたかを明確に報告しなければなりません。

この本をまとめるにあたり、分散分析を使用しているいろいろな論文を読みましたが、どのような分散分析を行っているかわからないものが少なからずありました。原因の 1 つは、「一元配置」なのか「二元配置」なのかが書かれていないことです。「分散分析を行った」だけではなく、「二元配置の分散分析を行った」と書くべきです。また、平均値や標準偏差を示した表や分散分析表が適切に示されていないことも原因の 1 つです。少なくとも表 9–1 のようなものがあれば、二元配置だということがわかります。t 検定の章（6 章）でも書きましたが、平均値だけではなく、標準偏差も報告する必要があります。

3　比率データの差を検定する場合は要注意

あまり統計の入門書には記載されていないのですが、比率の値のデータをそのまま分散分析で計算するのは正しくありません。これは t 検定の式にそのまま比率データを入れて計算することも同じです。比率データの平均値の差を検定する場合は、角変換などを用いて、比率データを変換してから検定にかけたりします。言語教育分野では、比率データの平均の差を検討するこ

とはあまりありませんが、正答率の平均や音声的特徴の生起率（例えば無声化の生起率）などが考えられます。日本語教育分野では、比率データの差の検定を行うために角変換を行った田中（2005）の例があります。田中（2005）では、アイディ・ユニットが文章全体に占める比率（占有率）をグループ間で比較するために、比率データを角変換をした上で分散分析を行っています。

　「比率の値は使えませんよ。」と言われただけでは、なかなか納得できないですよね。最後にこの理由について簡単に触れておきます。

　まず、t 検定の場合ですが、t 検定では「比較する2つの母集団で分散が等しいか否か」によって、用いる方法が違っていました。等分散であることが成り立っている場合には、通常の t 検定を用いますが、そうでない場合にはウェルチの t 検定を用います（島田・野口 2017: 54 参照）。ところで、比率データを t 検定しようとする場合には、比率データの母分散が、母比率×（1－母比率）を用いて表わされるということから、母集団での分散が等しいことを仮定すると、必然的に2つの母集団で、「母比率も等しくなる」か「一方の母比率が、他方の（1－母比率）と等しくなる」かのどちらかしかあり得なくなってしまいます（数式を少し展開するとわかるのですが、いまはそんなものか、として先に進んで下さい）。すなわち、比率データの母分散が等しいという仮定をおくと、比率データの母平均が固定されてしまうことになります。これでは、母分散が等しいとしても、その下で母平均に違いがあるかないかを検討する t 検定は使えないですね。

　次に、分散分析の場合についてですが、例えば、一要因の分散分析で3水準の場合を考えてみましょう。分散分析では3つの水準で母分散が等しい時に、3つの水準間で母平均が等しいか否かを検定することができます。この場合も比率データで t 検定をしようとする場合と同じことが起きてしまいます。この時、角変換（逆正弦変換）と呼ばれる変換（$y = \sin^{-1}\sqrt{p}$）を比率データに実施すると y の分散の大きさが近似的に標本数のみと関係して、標本数が等しい場合に「等分散性の仮定」が成立します。すなわち、分散分析を実行する前提条件が満たされるわけです。ただし、角変換に関しては、p の値

が0または1に近い時に近似があてはまりにくくなる、標本数が水準間で等しくない場合には等分散にならない、などの問題もあります。最近はロジット変換 ($\mathrm{logit}\,(p) = \ln\left(\dfrac{p}{1-p}\right)$) が用いられることが多くなっています。

　いずれにせよ、比率データを分析する時には、そうでない場合に比べて注意すべきことが多く、統計法の入門書に出てくる方法をそのまま適用すると誤用になってしまうことがあることを頭に入れておいて下さい。

まとめ

　本章の内容をまとめると次のようになります。

1. 二元配置の分散分析の結果を報告するときは、まず、交互作用の検定結果を報告します。次に、交互作用が有意ではない場合は、各要因の主効果の検定結果、交互作用が有意である場合は、単純主効果の検定結果を報告します。特に次の点には注意が必要です。
   ・交互作用の検定結果は必ず報告します。
   ・主効果の結果か単純主効果の結果か明記します。
2. 平均値等をまとめた表や分散分析表を示したほうがわかりやすいです。
3. 比率データの差を検討する場合は、そのままでは分散分析や t 検定を使えませんので、角変換やロジット変換を行う必要があります。

注
1　尹 (2006) では「JSL 下位群・下位群」となっていますが、「JSL 上位群・JSL 下位群」だと思われます。

引用文献
島田めぐみ・野口裕之 (2017)『日本語教育のためのはじめての統計分析』ひつじ書房
田中信之 (2005)「推敲に関する講義が推敲結果に及ぼす効果」『日本語教育』124 号,53–62
尹喜貞 (2006)「授受補助動詞の習得に日本語能力、及び学習環境が与える影響―韓国人学習者を対象に―」『日本語教育』130 号,120–129

練習問題

（1）分散分析の結果、交互作用が有意だった場合、どのような順でどの結果
を報告しますか。

 ア 交互作用の結果→主効果の結果

 イ 交互作用の結果→単純主効果の結果

 ウ 主効果の結果→交互作用の結果

 エ 単純主効果の結果→交互作用の結果

（2）分散分析の結果、交互作用が有意ではなかった場合、どのような順でど
の結果を報告しますか。

 ア 交互作用の結果→主効果の結果

 イ 交互作用の結果→単純主効果の結果

 ウ 主効果の結果→交互作用の結果

 エ 単純主効果の結果→交互作用の結果

第 10 章
サンプル数が検定結果に影響を及ぼす！

　最近では、推測統計の分析結果を報告する際、効果量もあわせて報告することが求められるようになってきています。それは、サンプル数（標本数）の大きさが検定結果に影響を与えることと関連しています。最終章では、標本数の大きさの影響と効果量について見ていきます。

1　検定結果とサンプル数の関係

　学生からよく聞かれる質問に「どの程度データを集めたらいいですか」というものがあります。これはとても答えにくいです。どのような分析をするのかにより異なってくるからです。また、多ければ多いほどいいと思っている人もいますが、推測統計の場合は、必ずしもそうではありません。

　χ^2 検定を例に考えてみます。表 10–1 は上級学習者と中級学習者の回答結果で、全データ数は 36 人です。χ^2 検定を行った結果、日本語レベルと回答傾向には関連性はありませんでした（$\chi^2(1) = 0.444,\ p > .10$）。表 10–2 は、表 10–1 のデータ数を 10 倍したもので、「はい」と「いいえ」の選択割合は表 10–1 と同じだということがわかると思います。表 10–2 の場合、χ^2 検定を行うと、日本語レベルと回答傾向の間に関連性がありました（$\chi^2(1) = 4.444,\ p < .05$）。割合が全く同じでも、サンプル数が異なると結果が異なるのです。そして、表 10–3 は、さらに多く、合計数 3,800 です。「はい」と「いいえ」の割合を、表 10–1 や表 10–2 よりもさらに近づけました。それでも、レベルと回答傾向には関連性がありました（$\chi^2(1) = 10.317,\ p < .01$）。これらの結果から、サンプル数が多いと検定仮説が棄却されやすいということがわかります。

表 10-1　χ² 検定の例 (N=36)

	はい	いいえ	合計
上級学習者	10	8	18
	(9)	(9)	
	55.6%	44.4%	100.0%
中級学習者	8	10	18
	(9)	(9)	
	44.4%	55.6%	100.0%
	18	18	36

( )は期待度数

表 10-2　χ² 検定の例 (N=360)

	はい	いいえ	合計
上級学習者	100	80	180
	(90)	(90)	
	55.6%	44.4%	100.0%
中級学習者	80	100	180
	(90)	(90)	
	44.4%	55.6%	100.0%
合計	180	180	360

( )は期待度数

　なぜサンプル数が影響するかということは、下記の χ² 検定の数式を見るとわかります。

$$\chi^2 = \sum_{i=1}^{m} \sum_{j=1}^{n} \frac{(O_{ij} - E_{ij})^2}{E_{ij}}$$

O_{ij} はクロス表のセル (i,j) の観測度数、E_{ij} はセル (i,j) の期待度数を表わしま

表 10-3　χ^2 検定の例（$N=3800$）

	はい	いいえ	合計
上級学習者	1000	900	1900
	（950）	（950）	
	52.6%	47.4%	100.0%
中級学習者	900	1000	1900
	（950）	（950）	
	47.4%	52.6%	100.0%
合計	1900	1900	3800

（　）は期待度数

す。2×2 のクロス表の場合は、$m=2, n=2$ ですから、

$$\chi^2 = \sum_{i=1}^{2} \sum_{j=1}^{2} \frac{(O_{ij}-E_{ij})^2}{E_{ij}}$$

$$= \frac{(O_{11}-E_{11})^2}{E_{11}} + \frac{(O_{12}-E_{12})^2}{E_{12}} + \frac{(O_{21}-E_{21})^2}{E_{21}} + \frac{(O_{22}-E_{22})^2}{E_{22}}$$

となります。

$(O_{ij}-E_{ij})$ は、各セルについて「観測度数−期待度数」を計算するということで、それを二乗した数値が分子になります。分母である「E_{ij}」つまり各セルの「期待度数」で割ります。具体的な数値を入れて考えてみましょう。観測度数 10、期待度数 9 のセルの場合、次のようになります。

$$\frac{(10-9)^2}{9} = \frac{1}{9} = 0.111$$

観測度数 100、期待度数 90 のセルの場合、次のようになります。

$$\frac{(100-90)^2}{90} = \frac{100}{90} = 1.111$$

　このように分子を二乗するので、サンプル数が多いほど、χ^2 値は大きくなります。その結果、有意確率は小さくなります。ここでは χ^2 検定の例を取りましたが、t 検定や無相関検定でも同様です。サンプル数が多くなると、t 検定では有意差が出やすく、無相関検定では 2 変量間の相関がゼロではないという結果が出やすいことになります。

　ここで問題となるのは、真実は検定仮説が正しい（「差がない」あるいは「関連性がない」）のに、サンプル数が多いため検定仮説が棄却され「差がある」あるいは「関連性がある」という誤った結果が得られてしまう、ということです。最近コーパス研究が盛んに行われていますが、コーパスの総データを扱うとサンプル数が多いので、わずかな差であっても検定仮説が棄却される可能性があります。全てのデータではなく、コーパスからサンプルデータを取り分析するというのが推測統計には向いています。また、コーパスに関しては、大規模なものはコーパスそのものを母集団とみなして記述統計による分析をする方が適切と考えられる場合もあります。このあたりは、コーパスの持つ特性を十分に吟味して統計解析の方法を選びましょう。

　逆に、サンプル数が少なすぎると、検定仮説は棄却されにくいと言えます。どういうことかと言うと、真実は「関連性がある」あるいは「差がある」のに、そうではないという結果になってしまう、ということです。「差がある」のに「差がない」と判定されるのと、「差がない」のに「差がある」と判定されるのとでは、どちらかと言えば後者の方が重大な誤りです。「差がない」のに「差がある」と結論づけるというのは避けなければいけません。

2　効果量とは？

　サンプル数が結果に影響を及ぼすため、近年報告が求められるようになってきているのが効果量です。例えば「平均値の差の検定」の状況では、効果量は「2 つの母集団の平均値の差を母集団間に共通の標準偏差で割って標準化した値」で定義されます。その効果量は、「観測された 2 つの標本集団の平均値の差」と「各標本集団の分散」および「自由度（各標本集団の標本数の合計 − 2）」から推定します。数式で見ると t 値がサンプル数に影響されるのに対して効果量はサンプル数に影響されないことがわかりますが、この書籍の水準を超えますので数式は省略します。これは t 検定に関係する効果量ですが、その他の検定法に関しても効果量を計算することができます。

　さて、先ほどの χ^2 検定の結果について効果量を計算してみました。χ^2 検定では、クラメールの V という指標を用います。表 10–1 の場合は .06、表 10–2 の場合は .11、表 10–3 は .05 でした。これらの数値の解釈としては、効果量はほとんどない、つまり実質的な差はほとんどないと言えます。このようなことがあるので、検定結果だけではなく、効果量も一緒に報告しましょう、ということが推奨されています。

　ただ、気を付けないといけないのは、効果量はサンプル数の影響を受けませんが、計算された値は母集団での効果量ではなく、標本として観測されたデータから計算された効果量の推定値なので、標本変動の影響を受けることに変わりがない、ということです。また、効果量の大きさの評価にはどうしても主観的な判断が残ります。

　このように効用と限界とを心得て使うべきです。特に統計法の初心者はやみくもに新しい指標や方法に飛びつくのではなく、そこで用いられている論理をしっかり理解することが大切です。「生兵法は大怪我の元」という格言を常に思い起こしながら、謙虚な姿勢で分析を進めましょう。

3　効果量を報告する論文

　近年、効果量を報告する必要があるということをよく聞きますので、日本
語教育学会の学会誌『日本語教育』ではどうなっているかと確認してみまし
た。2016 年から 2018 年の 3 年間に投稿・掲載された論文 51 論文のうち統
計手法が用いられている論文は 21 本でした。そのうち効果量が報告されて
いるのは、4 本にとどまっていました。しかしこの時期の 10 年前である
2006 年から 2008 年までの 3 年間では、効果量を報告する論文は 1 本もあり
ませんでした。このことから、徐々に効果量を報告する論文は増えてきてい
ると言えるでしょう。

　効果量を報告している論文を 1 つ紹介します。劉（2017）「日本語学習者の
「名詞＋動詞」コロケーションの使用と日本語能力との関係—「YNU 書き
言葉コーパス」の分析を通して—」という論文です。表 10–4 は、劉（2017：
71）の表 10 から必要な箇所のみ抜粋して作成したもので、コロケーション
の誤用数と日本語能力との関係を表しています。χ^2 検定の結果として、両
者は 1% 水準で有意な関連があると述べ、さらに、「Cramer's V = .131, 効果
量は小程度」（p.70）と報告しています。コロケーションの誤用数は日本語能
力と関連があるという統計結果ですが、効果量、すなわち実質的な関連性は
小程度ということです。

表 10–4　コロケーションの誤用数と日本語能力との関係

	下位群	中位群	上位群
適切	752	829	852
誤用	136	179	67
合計	888	1,008	919

注：劉（2017: 71）の表内の度数を元に作表、
　　引用元タイトル「残差分析の結果」

4　効果量を計算してみた

　χ^2 検定に関係する効果量（クラメールの V）は、χ^2 値と人数とクロス表の行列数がわかれば計算できるので、過去に発表された論文中の χ^2 検定の結果について、効果量を計算してみます。他の方が書いた論文を取り上げて不都合が生じるといけないので、ここでは島田・澁川（1999）「アジア5都市の日系企業におけるビジネス日本語のニーズ」を取り上げます。表10–5 は、アジア5都市の日系企業で働く現地社員を対象に「日本語は採用の条件となっていたか」を尋ねた結果です。χ^2 検定の結果、日本語が採用条件だった割合は、都市間で有意に異なっていました（$\chi^2(4) = 47.52, p < .001$）。この結果について効果量を計算したところ、中程度の効果量（Cramer's $V = .40$）でした。効果量の結果から、実質的な差も「まあまあある」ということなので、この検定結果の解釈については妥当だったのだろうと思います。

表10–5　「日本語は採用の条件となっていましたか」の回答結果

	ソウル	大連	香港	クアラルンプール	バンコク	合計
はい	72	53	13	29	14	181
	(53)	(45)	(14)	(41)	(27)	
いいえ	15	21	10	39	31	116
	(34)	(29)	(9)	(27)	(18)	
合計	87	74	23	68	45	297

（　）内は期待度数

注：島田・澁川（1999: 111）の表3を改変、
　　引用元タイトル「「日本語は採用の条件となっていましたか」の回答結果（人数）」

　効果量については、t 検定か、χ^2 検定か、分散分析かなど検定の種類によって指標が異なり、計算も違います。また指標の値から「効果量が小さい」「効果量が中程度ある」「効果量が大きい」などと解釈するのですが、こ

れはあくまで目安であることに注意して下さい。類似した研究の結果や研究領域などでの「相場感」で判断する点は相関係数で関連の強さを解釈する目安に似ていますね。ここでは効果量の考え方のみ紹介しました。外国語教育分野において効果量についてわかりやすく解説されたものに水本・竹内(2011)があります。また本書の程度を少し超えますが、詳しく記述されたものに大久保・岡田(2012)があります。初歩からしっかり勉強したい方にはお薦めです。また、水本・竹内は効果量を計算できる Excel ファイルを公開しています[1]。このファイルには計算式も記載されています。便利ではありますが、よく理解した上で使用してもらいたいと切に思います。

まとめ

この章では、サンプルデータ数、効果量を取り上げました。以下に内容をまとめます。

1. 推測統計の結果は、データ数によって影響を受けます。本当は差がない、あるいは関連がないのに、データ数が多すぎるために、t 検定や χ^2 検定などの推測統計の結果、検定仮説が棄却されて、有意差あるいは有意な関連性があるという結論を導いてしまうことがあります。

2. 1のようなことがあるため、効果量を報告することが求められるようになってきています。

3. ただし、効果量も、標本として観測されたデータから計算された効果量の推定値です。つまり、標本変動の影響を受けることに変わりがありません。

注

1　http://mizumot.com/handbook/?page_id=169（2021 年 1 月 30 日閲覧）

引用文献

大久保街亜・岡田謙介(2012)『伝えるための心理統計—効果量・信頼区間・検定力』

　　勁草書房
島田めぐみ・澁川晶 (1999)「アジア 5 都市の日系企業におけるビジネス日本語のニー
　　ズ」『日本語教育』103, 109–118
水本篤・竹内理 (2011)「効果量と検定力分析入門─統計的検定を正しく使うために」
　　『より良い外国語教育研究のための方法』, 47–73, 外国語教育メディア学会 関西
　　支部 メソドロジー研究部会 2010 年度報告論集
劉瑞利 (2017)「日本語学習者の「名詞＋動詞」コロケーションの使用と日本語能力との
　　関係─「YNU 書き言葉コーパス」の分析を通して─」『日本語教育』166, 62–76

練習問題

次の文のうち、正しいものには○、正しくないものには×を書いてください。

(1)（　　）推測統計を行う場合、データ数は多ければ多いほどいい。

(2)（　　）効果量を報告すれば、統計分析の結果は報告しなくてもいい。

(3)（　　）効果量も、サンプルデータに基づいて計算しているので、絶対的なものではない。

(4)（　　）効果量の値の解釈基準は、絶対的な基準が与えられている。

練習問題の解答と解説

第1章

(1) 「記述統計」です。「2006年から2008年」と「2016年から2018年」の特徴を知りたく、すべての論文を調べているので、記述統計を報告し、結果を比較します。

(2) 「推測統計」です。知りたいと思っている母集団は「中国語母語話者の日本語学習者」と「タイ語母語話者の日本語学習者」で、データは50人ずつのサンプルデータです。このサンプルデータから母集団について推測することになるので、推測統計を用います。

(3) 「記述統計」です。興味の対象は「Aクラス」と「Bクラス」の特徴で、全データを得て分析するので、記述統計を用います。

第2章

(1) 「エ　調査日」です。それ以外の項目はすべて必要です。

(2) 「イ　数値：相関係数　　グラフ：散布図」です。相関係数は、2変量間の関連性をひとつの数値で示していますが、ひとつひとつのデータの状況は相関係数からはわかりません。散布図ではひとつひとつのデータが示されます。ア 平均値は、数値で表しても棒グラフで表しても得られる情報に違いはありません。ウ 度数分布表の度数とヒストグラムは、ヒストグラムの方が見やすいですが、情報量としては同じです。

(3)

① 「ア　棒グラフ（積み上げではない）」です。複数回答可ですので、各選択肢の選択率を合計すると100%を超えます。そのため、100%積み上げ棒グラフは不適切です。折れ線グラフは時系列の変化を示すもの、散布図は2変量間の関連性を示すものですので、これらも不適切です。

② 「イ　100%積み上げ棒グラフ」です。上級学習者と中級学習者それぞれの内訳を示すことによって違いが明確になるので、100%積み上げ棒グラフがわかりやすいです。「棒グラフ（積み上げではない）」でも示すことはできますが、理解しやすさの点で「100%積み上げ棒グラフ」の方が優れています。「3　何を見せたいのかを考えてグラフの種類を選ぶ」の項を参照してください。折れ線グラフは時系列の変化を示すもの、散布図は2変量間の関連性を示すものですので、これらも不適切です。

第3章

(1)「エ　Mの意味」です。MやSDなどの統計記号は説明せずに使用することができます。

(2)「ウ　横罫線だけでいい」です。罫線は必要最低限にとどめます。その場合、見出しが目立つように横罫線は必要です。縦罫線については、適切なスペースを入れることで不要となります。

第4章

(1)　×　小数点以下2位あるいは3位までで十分です。

(2)　×　有意水準を5%と設定したら、有意確率が5%を超え10%未満の場合は検定仮説を棄却することはできません。10%未満の場合「有意傾向」と言う場合もありますが、「有意差がある」ということではありません。

(3)　×　t値は最大値が絶対値で「1」ではありません。つまり、「0.42」の場合も「1.42」の場合もありますから、「0」を省略することはできません。

(4)　○　相関係数は絶対値で最大の値が「1」なので、「0」を省略することができます。

(5)　○　推測統計の処理を行ったのであれば、有意水準をもとに有意差があったかなかったかを報告するべきなので、数値を見て比較して結論づけることはできません。

第5章

(1)　t検定　統計記号としてアルファベットを使用する場合はイタリック体にします。

(2)　χ^2検定　カイはギリシャ文字のχを使用します。また、ギリシャ文字なので、イタリック体にしません。

(3)　$t(20) = 1.883, p < .05$　等号、不等号の前後にはスペースを入れます。

(4)　$\dagger p < .10$　記号のダガーは「†」であって「+」ではありません。

第6章

(1)　有意差がある結果のみt検定の結果を報告していますが、有意差がなかった結果についてもt検定の結果を報告する必要があります。

(2)「等分散ではないことがわかった」とありますが、結果を導いた方法と数値が書かれていません。根拠を書く必要があります。

(3)　t検定は繰り返し行うことができません。3グループを比較する場合は分散分析を用います。

(4)　平均値だけではなく、標準偏差も表に加える必要があります。

第7章

(1) 次の2点がわかります。

「授業への興味」と「テスト得点」の間には比較的高い正の相関がある。

「自己評価」と「テスト得点」の間には正の相関があるものの、その関連性は弱い。

(2)

① κ（カッパ）係数　一致度を見るので、κ（カッパ）係数が適しています。

② 相関係数　一致度ではなく、関連性を見るので相関係数を使用します。

第8章

(1)

表1　日本語でメールを書いた経験の有無

	あり	なし	合計
初級学習者	15 (19.9)	20 (15.1)	35
中級学習者	18 (13.1)	5 (9.9)	23
合計	33	25	58

「初級学習者」「あり」が交差するセルの期待度数は「19.9」となります。計算は、58人全体での「あり」の割合を計算して（33 / 58 = 0.569）、「初級学習者」の人数でその割合が何人になるか計算します（0.569 × 35）。他も同様に計算します。

(2) 学習者のレベルと日本語でメールを書いた経験との間に関連が見られた（$\chi^2(1)$ = 5.723, $p < .05$）。

そのほか、「中級学習者の方が初級学習者より「日本語でメールを書いた経験がある」と回答した人数が多いことがわかった」というように記述することもできます。自由度は、2 × 2のクロス表なので、(2-1) × (2-1)で「1」となります。

第9章

(1) イ

まずは交互作用の結果を報告して、交互作用が有意だったら単純主効果の結果を報告します。

(2) ア

まずは交互作用の結果を報告して、交互作用が有意でなかったら主効果の結果を報告します。

第 10 章

（1）×　推測統計は、サンプルデータから母集団について推測するものなので、多く
　　　収集する必要はありません。データ数が多すぎると、本当は検定仮説が正しい場
　　　合でも検定仮説が棄却されやすくなります。

（2）×　効果量だけでは、検定仮説が棄却できるかできないかはわかりませんので、
　　　必ず検定結果も報告します。

（3）○　効果量はサンプルデータの結果に基づいて計算していますから、当然、同じ
　　　母集団でもサンプルが異なれば違う結果になります。

（4）×　効果量の大きさの評価は、あくまでも目安であって絶対的な基準はありませ
　　　ん。

索引

114

ゆ

り

ろ

【著者紹介】

島田めぐみ （しまだ めぐみ）

1963 年生まれ。東京都出身。2006 年名古屋大学大学院博士後期課程修了（博士（心理学））。東京学芸大学講師、准教授、教授を経て、日本大学大学院教授。
〈主著〉「評価」『新・日本語教育を学ぶ―なぜ、なにを、どう教えるか』（三修社、2020 年、分担執筆）、『日本語教育のためのはじめての統計分析』（ひつじ書房、2017 年、共著）、「日本語語彙認知診断テスト」『日本語教育のための言語テストガイドブック』（くろしお出版、2015 年、分担執筆・共著）、「ハワイ日系人の日本語」『オセアニアの言語的世界』（溪水社、2013 年、分担執筆）など。

野口裕之 （のぐち ひろゆき）

1952 年生まれ。大阪府出身。1978 年東京大学大学院教育学研究科教育心理学専門課程博士課程中途退学。1985 年教育学博士（東京大学）。名古屋大学教育学部助教授、教授、名古屋大学大学院教育発達科学研究科教授を経て、2017 年 3 月定年退職。名古屋大学名誉教授、同大学アジア共創教育研究機構客員教授。
〈主著〉『日本語教育のためのはじめての統計分析』（ひつじ書房、2017 年、共著）、『組織・心理テスティングの科学―項目反応理論による組織行動の探究』（白桃書房、2015 年、共編著）、「大規模言語テストの世界的動向―CEFR を中心として」『日本語教育のための言語テストガイドブック』（くろしお出版、2015 年、分担執筆）、『テスティングの基礎理論』（研究社、2014 年、共著）など。

統計で転ばぬ先の杖

Top Tips for Succeeding in Statistical Analysis

SHIMADA Megumi and NOGUCHI Hiroyuki

発行	2021 年 3 月 31 日　初版 1 刷
定価	1400 円＋税
著者	©島田めぐみ・野口裕之
発行者	松本功
装丁者	上田真未
印刷・製本所	亜細亜印刷株式会社
発行所	株式会社 ひつじ書房
	〒112-0011 東京都文京区千石 2-1-2 大和ビル 2 階
	Tel.03-5319-4916　Fax.03-5319-4917
	郵便振替 00120-8-142852
	toiawase@hituzi.co.jp　https://www.hituzi.co.jp/

ISBN978-4-8234-1028-4

日本語教育のためのはじめての統計分析

島田めぐみ・野口裕之著　　定価 1,600 円＋税

統計的方法は日本語教育に関する重要な知見を得るために必要不可欠な道具の一つである。本書では、日本語教育を専攻する学生や研究者を対象として、統計的方法の基礎的な部分を分かりやすく解説。統計的な記述や推測の方法について、その論理構成の説明のほか、分析ソフト（SPSS）の使い方と、実際の研究に用いられた例を示した。何よりも読者に「考え方」を身に着けてもらえるように配慮した、これからの日本語教育のための一冊。

文章を科学する

李在鎬編　　定価 2,600 円＋税

言語教育への応用を目論んだ文章の実証的研究。「文章とはなにか」という根本的な疑問から始まり、文章の計量的分析ツール「KH Coder」の作成者自身による実践を交えた解説ほか、文章研究の理論と技術を紹介。日本語学、日本語教育、英語教育、社会学、計算言語学、認知言語学、計量国語学の専門家がそれぞれの知見から、文章研究の新たな地平を拓く。

執筆者：李在鎬、石黒圭、伊集院郁子、河原大輔、久保圭、小林雄一郎、長谷部陽一郎、樋口耕一

ICT × 日本語教育—情報通信技術を利用した日本語教育の理論と実践

當作靖彦監修　李在鎬編　　定価 3,000 円＋税

ICT を利用した日本語教育の研究と実践の事例を紹介。研究編、実践編、ツール・コンテンツ編の 3 つの柱で構成。研究編ではウェブツールを利用した日本語教育の全体図を示す論考を収録。実践編では反転授業や仮想現実を取り入れた授業実践の具体例を紹介。ツール・コンテンツ編では ICT を利用した日本語テスト、学習支援アプリ、e ラーニングの開発プロセスを紹介。理論と実践の両面から情報通信技術を利用した新しい日本語教育を提案する。

[刊行書籍のご案内]

テキスト計量の最前線—データ時代の社会知を拓く

左古輝人編　　定価 2,800 円＋税

近年、計読(テキストマイニング、テキストアナリティクス、計量テキスト分析、質的データ分析)は人文・社会科学の多岐にわたる領域で応用が進みつつある。本書は単なるハウツーではなく、具体的な課題に計読の諸技法を本格的に適用した研究成果を集めた。思想史・概念史、学説研究、ジャーナリズム言説の分析、研究者ネットワークの分析など、研究会での議論を通じた切磋琢磨を経て、現代日本の計読研究の規準を提示する。

執筆者：河野静香、左古輝人、鈴木努、橋本直人、樋熊亜衣、前田一歩